全球典型国家电力发展概览

——欧洲篇

国家电网有限公司国际合作部
中国电力科学研究院有限公司 组编

中国水利水电出版社
www.waterpub.com.cn

·北京·

内 容 提 要

为服务高质量共建"一带一路",贯彻落实国家"碳达峰,碳中和"重大战略决策,打造"一带一路"建设央企标杆,推动全面建设具有中国特色国际领先的能源互联网企业,《全球典型国家电力发展概览》丛书对全球主要国家的能源资源与电力工业、电力市场概况以及主要电力机构进行了全面的调研梳理和分析。

本书是《全球典型国家电力发展概览》丛书的分册之一——欧洲篇,介绍了13个欧洲国家的电力行业发展情况,包括能源资源与电力工业、主要电力机构、碳减排目标发展概况、储能技术发展概况、电力市场概况。本书采用国内外能源研究相关的权威机构所发布的最新数据,有助于从事能源互联网相关的企业更好地研判全球能源发展趋势。

图书在版编目(CIP)数据

全球典型国家电力发展概览. 欧洲篇 / 国家电网有限公司国际合作部, 中国电力科学研究院有限公司组编.
北京 : 中国水利水电出版社, 2024. 11. -- ISBN 978-7-5226-2945-2

Ⅰ. F416.61

中国国家版本馆CIP数据核字第2024ST0093号

书　名	**全球典型国家电力发展概览——欧洲篇** QUANQIU DIANXING GUOJIA DIANLI FAZHAN GAILAN ——OUZHOU PIAN	
作　者	国家电网有限公司国际合作部　　　中国电力科学研究院有限公司　　　组编	
出版发行	中国水利水电出版社 （北京海淀区玉渊潭南路1号D座　10038） 网址：www.waterpub.com.cn E-mail：sales@mwr.gov.cn 电话：（010）68545888（营销中心）	
经　售	北京科水图书销售有限公司 电话：（010）68545874　63202643 全国各地新华书店和相关出版物销售网点	
排　版	中国水利水电出版社微积排版中心	
印　刷	涿州市星河印刷有限公司	
规　格	184mm×260mm　16开本　15印张　253千字	
版　次	2024年11月第1版　2024年11月第1次印刷	
定　价	**98.00元**	

本 书 编 委 会

主　　编　文　博
副 主 编　李晨光　夏　雪　王伟胜
参编人员　马海洋　张　虎　彭佩佩　朱凌志　刘　琪
　　　　　陈　宁　王湘艳　汤何美子

前言 *PREFACE*

为积极贯彻落实国家"双碳"重大战略决策，推动构建国内国际双循环相互促进的新发展格局，更好地服务和参与"一带一路"建设，增强公司国际业务服务力、竞争力、风险控制力和品牌影响力，建设具有中国特色国际领先的能源互联网企业，国家电网有限公司国际合作部会同中国电力科学研究院有限公司，对全球主要国家和地区的电力行业发展情况开展了全面的调研和分析，编写了《全球典型国家电力发展概览》丛书。目前丛书已出版两篇：亚洲篇Ⅰ、亚洲篇Ⅱ。

本篇为欧洲篇，介绍了 13 个欧洲国家的电力行业发展情况，每个国家的内容共分为六个部分。第一部分为能源资源与电力工业，主要分析各国一次能源资源概况、电力工业概况、电力管理体制和电网调度机制。第二部分为主要电力机构，主要分析介绍了各国主要电力机构的公司概况、历史沿革、组织架构、经营业绩、国际业务和科技创新等情况。第三部分为碳减排目标发展概况，主要分析各国的碳减排目标和政策及其对电力系统的影响。第四部分为储能技术发展概况，主要介绍了各国的储能技术发展现状、主要储能模式及储能项目、储能对碳中和目标的推进情况。第五部分是电力市场概况，主要分析

了各国的电力市场运营模式和电力市场监管模式。第六部分为综合能源服务概况，主要介绍了各国的综合能源服务发展现状和重要典型项目。

《全球典型国家电力发展概览》丛书涉及的信息资料主要来自有关国际组织、各国能源部门及电力公司官方公布的数据和报告等。受信息披露程度及数据更新及时性的限制，丛书内有关信息资料的详略程度和数据更新时间不尽相同，敬请谅解。由于时间和水平有限，本书疏漏与不足之处，恳请批评指正！

编者

2024 年 9 月

目录 CONTENTS

第1章 ▪ 总 论

1.1 欧洲13国电力基本情况

本书共涉及 13 个欧洲国家，分别为阿尔巴尼亚、波兰、德国、俄罗斯、法国、芬兰、葡萄牙、塞浦路斯、乌克兰、西班牙、希腊、意大利、英国（以下简称欧洲 13 国）。2019—2023 年欧洲 13 国发电量情况见表 1-1。

表 1-1　　2019—2023 年欧洲 13 国发电量情况

国别	发电量 / TWh				
	2019 年	2020 年	2021 年	2022 年	2023 年
阿尔巴尼亚	5.2	5.3	9.0	7.0	8.8
波兰	163.2	157.2	178.8	178.6	168.8
德国	600.1	566.8	579.3	567.5	504.8
俄罗斯	1118.2	1085.4	1157.1	1166.9	1177.5
法国	565.7	527.2	550.1	469.4	514.1
芬兰	68.6	69.2	72.1	71.9	79.8
葡萄牙	51.6	51.4	49.2	46.4	44.9
塞浦路斯	5.2	4.9	5.1	5.3	5.4
乌克兰	154.1	147.8	155.5	112.7	102.3
西班牙	270.5	259.5	270.8	286.3	269.8
希腊	48.0	47.5	54.2	51.6	49.4
意大利	290.0	276.8	285.5	280.0	262.6
英国	323.9	312.0	308.7	326.1	293.5
合计	3664.3	3511	3675.4	3569.7	3481.7

根据最新统计数据，欧洲 13 国 2023 年全年发电量共 3481.7TWh，占欧洲总发电量 4800TWh 的 73%。其中，俄罗斯发电量 1177.5TWh，占 24.5%，其后依次为法国 514.1TWh、德国 504.8TWh、英国 293.5TWh、西班牙 269.8TWh、意大利 262.6TWh。2019—2023 年欧洲 13 国分电源发电量情况见表 1-2。

表 1-2　　　　2019—2023 年欧洲 13 国分电源发电量情况

电源类型	发电量 / TWh				
	2019 年	2020 年	2021 年	2022 年	2023 年
煤炭	586.9	496.1	549.8	571.4	486.5
天然气	1061.4	983.3	1050.2	1068.4	984.2
石油	106.2	96.8	99.1	102.9	99.1
核能	904.5	842.2	883.2	746.9	746.3
水能	386.8	424.9	429.6	356.1	381.5
风能	344.9	372.9	354.3	387.1	422.3
太阳能	119.4	137.1	149.9	185.7	209.8
生物质能	147.0	150.6	152.4	144.3	136.3
其他可再生能源	7.1	7.1	6.9	6.9	6.7
总计	3664.2	3511	3675.4	3569.7	3472.7

　　截至 2023 年，天然气依旧是区域内最主要的发电来源。2023 年欧洲
13 国天然气发电量共 984.2TWh，占欧洲 13 国总发电量的 28%；其次为
核能，共 746.3TWh，约占 21.5%；第三为煤炭，共 486.5TWh，占 14%。
值得注意的是，目前排名前三的主要电源发电量每年均有所下降。但以太
阳能、风能、水能为代表的清洁能源占比基本保持了逐年上升的趋势，清
洁能源占比从 2019 年的不到 15%，提高到了 2023 年的近 30%。区域内
的可再生能源发展十分迅速。

1.2　碳减排目标

　　相较于其他洲，欧洲的碳中和目标制定较为领先。本章中的欧洲 13
国均将碳中和纳入了各国相关法律或政策之中，欧洲也是全球范围内将碳
中和纳入国家法律或政策的国家比例最多的洲，除捷克、保加利亚、波黑、
爱沙尼亚 4 国外，欧洲所有国家均设置了碳中和的法定目标日期。其目标
时间均不相同，大部分国家均计划在 2050—2060 年完成碳中和目标。欧
洲 13 国主要碳中和目标时间见表 1-3。

表 1-3　　　　欧洲 13 国主要碳中和目标时间

国　别	碳中和目标年份	国　别	碳中和目标年份
阿尔巴尼亚	2030	德国	2045
波兰[①]	2030	俄罗斯	2060

国 别	碳中和目标年份	国 别	碳中和目标年份
法国	2050	西班牙	2050
芬兰	2035	希腊	2050
葡萄牙	2050	意大利	2050
塞浦路斯	2050	英国	2050
乌克兰	2060		

① 波兰未承诺欧盟碳中和目标。

从碳排放量上来看，2022 年欧洲 13 国总碳排放量约为 41 亿 t，较 2019 年下降约 2 亿 t，总体减排效果较为显著，其中英国、俄罗斯、德国、法国贡献减排较多，分别为 4610 万 t、5285 万 t、4189 万 t 和 1792 万 t。但值得关注的是，波兰、阿尔巴尼亚等国也存在碳排放不降反升、减排效果不明显的情况，其主要原因是这些国家目前已经接近实现碳中和目标，减排空间较小。欧洲 13 国 2019—2022 年碳排放情况见表 1-4。

表 1-4　　　　欧洲 13 国 2019—2022 年碳排放情况

国 别	碳排放量/万 t			
	2019 年	2020 年	2021 年	2022 年
阿尔巴尼亚	483	502	490	495
波兰	31768	30244	33108	32312
德国	70749	64725	67880	66560
俄罗斯	170503	163293	171199	165218
法国	31545	28154	30678	29753
芬兰	4245	3774	3795	3616
葡萄牙	4749	4170	3994	4161
塞浦路斯	734	691	703	703
乌克兰	22194	20682	21015	14125
西班牙	25066	21363	23027	24561
希腊	6576	5562	5756	5966
意大利	34040	30328	33723	33810
英国	36475	32626	34747	31865
合计	439127	406114	430115	413145

1.3　碳减排机制

以欧盟为代表的欧洲国家在全球应对气候变化的努力中一直走在前

列，其制定的碳减排机制不仅是全球首创，也是迄今为止最为全面的减排体系之一。随着气候危机的加剧，欧盟通过一系列政策和市场手段，推动能源转型、提升碳效率、减缓全球变暖，致力于在 2050 年实现气候中性目标。

1. 欧盟碳排放交易体系（EU ETS）

欧盟碳排放交易体系于 2005 年正式启动，是全球第一个碳交易市场，也是欧盟应对气候变化的核心工具之一。通过"限额与交易"的方式，EU ETS 旨在为高碳排放行业设置明确的碳排放限额，并为企业提供市场化的减排激励。

在该体系下，欧盟设定了一个逐年下降的碳排放总限额（Cap），覆盖电力生产、能源密集型工业（如钢铁、水泥、造纸等）和航空业。限额的逐年减少确保了温室气体排放的长期下降。企业根据其分配到的配额排放二氧化碳，多余的配额可以通过市场交易出售，或者从市场上购买所需的额外配额。

配额分配主要通过两种方式进行：

（1）拍卖（auctioning）。大部分配额通过公开拍卖，企业通过竞价获得配额，碳价格由市场供需决定。这种方式有效推动了减排，对电力行业尤为关键。

（2）免费分配（free allocation）。部分碳密集行业为了应对"碳泄漏"风险（即企业为逃避欧盟的碳限制而将生产转移至碳政策较为宽松的国家）可获得一定比例的免费配额。这种机制确保了欧盟企业在全球市场中的竞争力，同时推动这些行业的减排创新。

2. 碳边境调节机制（CBAM）

碳排放配额的供需关系直接影响碳价格。如果市场上配额过剩，价格将下降，削弱企业减排的动力。为此，欧盟引入了市场稳定储备（market stable reserve，MSR）机制。当市场配额过多时，MSR 自动减少供应，以提高碳价并保持减排激励的有效性。

此外，为了防止因企业将生产迁移至碳政策宽松国家而导致的"碳泄漏"，欧盟引入了碳边境调节机制。该机制对进口到欧盟的高碳排放商品（如钢铁、水泥、铝等）征收碳关税，确保这些进口产品的碳排放成本与欧盟内部企业相当。CBAM 既有助于保护欧盟企业在全球市场中的竞争力，也迫使其他国家通过碳定价或其他方式减排。

目前，CBAM 主要涵盖碳密集行业，未来可能扩展至更多领域。这一机制对于推动全球供应链的绿色转型具有深远的影响。

3. 能源结构转型与可再生能源发展

欧盟在碳减排方面的另一大核心战略是推动能源结构的转型，减少化石燃料的依赖，增加可再生能源的比例。为此，欧盟制定了多个雄心勃勃的目标与政策。

（1）2030 年可再生能源目标。欧盟设定了到 2030 年可再生能源占总能源消费 32% 以上的目标，这一目标的实现依赖于风能、太阳能等清洁能源技术的加速发展。通过政策激励、研发投资和大规模基础设施建设，欧盟在清洁能源领域的技术创新全球领先。

（2）清洁能源投资与激励政策。欧盟通过《欧洲绿色协议》(*European Green Deal*) 提供资金支持推动新能源项目，鼓励清洁能源创新，包括储能技术、电动汽车、氢能等。在这些领域的投资不仅有助于减排，也为欧盟创造了巨大的经济效益和就业机会。

4. 脱碳与能源效率提升

在能源结构转型的同时，欧盟还大力推动提高能源效率，以减少能源浪费。通过一系列法律法规和激励措施，欧盟推动建筑、工业和交通领域的能源优化。

（1）能源效率指令。欧盟要求成员国每年达到一定的能源效率提升目标，尤其在建筑物翻新、工业设备升级等领域，通过技术进步减少能源浪费，进而实现减排目标。对于老旧建筑物，欧盟设立了翻新标准，并提供资金支持，推动其向更高效的能源使用方向转变。

（2）碳捕集与封存（CCS）技术。欧盟还在推动碳捕集与封存技术的发展，尤其在钢铁、水泥等难以脱碳的行业。通过捕捉二氧化碳并将其封存于地下，这些行业可以在减排的同时保持生产力。

5. 交通与航空业的脱碳进程

交通领域是温室气体排放的主要来源之一，因此也是欧盟减排政策的重点。

（1）电动汽车与绿色交通。欧盟大力推广电动汽车和氢能源汽车，并计划在 2035 年之前完全禁止销售燃油车。为支持这一目标，欧盟还在大规模建设电动汽车充电基础设施，推动交通系统的全面电气化。

（2）航空与海运的碳排放管理。航空业自 2012 年起已纳入 EU ETS，欧盟要求航空公司为其碳排放购买配额。未来,海运行业也将逐步纳入 EU ETS 系统,通过市场机制迫使这些高排放行业加速脱碳。

6. "Fit for 55" 计划

为了加速减排进程,欧盟于 2021 年推出了 "Fit for 55" 计划,该计划旨在到 2030 年将温室气体排放量相比 1990 年水平减少至少 55%。

(1) 更高的减排目标。根据该计划,欧盟将在各个领域提高减排标准,扩大 EU ETS 的覆盖范围,并加快配额减少速度,确保 2030 年减排目标的实现。

(2) 扩大 EU ETS 的覆盖范围。除了传统的高排放行业,EU ETS 将逐步涵盖建筑、交通等领域,推动更广泛的碳定价和市场化减排。

7. 欧盟的全球气候领导力与国际合作

欧盟不仅在内部实施严格的气候政策,还通过全球合作推动其他国家和地区加速应对气候变化。

(1)《巴黎协定》的推动者。欧盟是《巴黎协定》的重要推动者之一,并承诺在全球范围内实现气温上升控制在 1.5℃ 以内的目标。欧盟还通过绿色外交推动与其他国家的合作,特别是对发展中国家的技术转让与资金支持。

(2) 绿色合作与技术转移。欧盟积极推动全球气候合作,特别是在新兴经济体和发展中国家推动技术转移和资金援助,以帮助这些国家减少碳排放,实现可持续发展。

1.4　储能系统发展特点

随着全球对清洁能源需求的不断增长,储能技术成为实现能源转型的重要支柱。在可再生能源迅速崛起的背景下,欧洲作为全球能源革命的先锋,积极推动储能技术的发展,为实现其气候目标奠定了基础。储能不仅在平衡能源供应和需求方面至关重要,还通过提高电网灵活性、促进可再生能源的进一步整合以及减少碳排放,帮助欧洲迈向低碳经济。

欧洲储能发展的特点可以从政策支持、技术路径、市场需求以及未来趋势等方面来探讨。

1. 政策支持

欧洲储能市场的发展离不开强有力的政策支持。欧盟通过一系列政策框架明确了储能技术在能源转型中的关键作用。《欧洲绿色协议》以及《清洁能源一揽子计划》将储能列为实现碳中和的重要技术之一。储能系统不仅能够帮助平衡电力系统的波动性，还可以作为电力市场的关键组成部分，提供调频、备用电力等辅助服务。

为了进一步促进储能技术的应用，各成员国也纷纷出台了支持性政策。例如，德国通过德国复兴信贷银行（KFW）提供家庭和商业储能项目的贷款支持，降低了储能系统的部署成本。英国通过电池储能创新挑战计划为储能技术的创新研发提供资金支持。法国通过补贴项目鼓励家庭和企业安装储能系统，特别是促进光伏发电与储能的结合，推动能源的自发自用。

在激励措施的设计上，欧洲各国也开始逐步向市场化运作过渡。例如，英国允许储能系统参与电力市场的频率响应、备用电力等市场化机制，这不仅为储能项目创造了新的收入渠道，也进一步提高了市场的灵活性。

2. 技术路径

储能技术在欧洲的发展呈现出技术路径多样化的特点。电化学储能系统，如锂离子电池，成为目前应用最为广泛的储能形式，尤其是在家庭和商业储能市场中，锂离子电池技术已取得显著进展。随着电动汽车的快速普及，电池制造成本大幅下降，储能系统的部署成本也逐渐降低，这推动了锂离子电池储能在更大范围的应用。但欧洲的储能技术远不止于电化学储能。机械储能，特别是抽水蓄能系统，长期以来是欧洲电网调峰的重要技术。在山区地形丰富的瑞士、奥地利等国，抽水蓄能电站为电网提供了可靠的调节能力。此外，压缩空气储能（CAES）作为另一种机械储能方式，正在德国等国的试点项目中进行测试，以解决大规模储能的需求。

热储能技术在欧洲北部国家得到了广泛应用，特别是在区域供热系统和工业领域。丹麦等国的区域供热网络通过热储能技术，将电网的过剩电力转化为热能，既提高了能源利用效率，也缓解了电力系统的负荷压力。这一技术特别适用于寒冷地区，能够显著降低冬季供暖的化石燃料使用。

3. 市场需求

欧洲储能市场的需求日益多样化，涵盖了从电网侧到用户侧的多个应用场景。在电网侧，随着风能和太阳能等可再生能源的占比持续上升，储能系统成为平衡供需的关键工具。欧洲电网面临着可再生能源发电波动带来的挑战，储能系统通过提供调频、调峰等服务，有效缓解了这一问题。

例如，德国部署了大量电网级储能项目，以应对电网中的可再生能源波动性。

在商业和工业领域，企业通过储能系统实现削峰填谷，降低用电成本，并通过参与电力市场获得额外收入。英国的商业储能市场尤为活跃，许多企业部署储能系统以优化用电结构，并通过频率响应服务获得经济回报。法国等国也在推动储能与工业生产的结合，尤其是在大规模工业企业中，储能不仅是备用电源，还可以帮助企业提高能源利用效率。

家庭和分布式储能在德国、意大利等国家得到广泛应用，尤其是在拥有光伏系统的家庭用户中，储能系统成为能源自给自足的重要工具。德国政府通过补贴政策，极大推动了家庭光伏和储能系统的普及，这些用户通过自发自用和向电网输电获得收益。这样的分布式储能系统不仅减少了对电网的依赖，也缓解了电网扩容的压力。

电动汽车与储能的结合也逐渐成为欧洲储能市场的重要增长点。电动汽车的快速普及不仅为储能系统提供了新的应用场景，也促使车网互动（Vehicle-to-Grid，V2G）技术逐渐走向商用化。V2G 技术使电动汽车能够在电网高峰期向电网回馈电力，从而进一步提高电网的灵活性。法国在此领域走在前列，许多汽车制造商与能源公司合作，共同推动 V2G 技术的推广和应用。

4. 未来趋势

在欧洲的储能市场中，不同国家的发展路径各具特色。英国的储能市场主要受到政策和市场机制的双重推动，电网侧储能系统已成为市场的主力军。

英国政府通过一系列政策措施支持储能项目，同时允许储能系统参与电力市场，特别是频率响应市场。这不仅促进了储能技术的发展，也为企业和个人提供了新的商业模式。

德国则以分布式储能和家庭储能系统著称。德国的能源转型过程中，家庭光伏系统的普及率极高，许多家庭用户通过储能系统将光伏发电存储起来，实现自发自用。德国政府为此提供了大量的政策支持，包括补贴和贷款优惠，促使家庭储能市场快速增长。同时，德国也在探索大规模电网储能的应用，如液流电池等长时储能技术在德国的一些项目中已经投入使用。

　　法国的储能市场虽然起步稍晚，但随着能源多样化的推进，储能技术的重要性逐渐凸显。作为以核电为主的国家，法国在大规模电网储能项目上的投资力度较大，特别是在结合核能和可再生能源的情况下，储能可以有效平衡电力供应。此外，法国积极推动 V2G 技术的发展，许多电动汽车制造商已开始在这一领域进行技术布局，未来 V2G 技术有望成为法国储能市场的重要组成部分。

第 2 章

阿尔巴尼亚

2.1 能源资源与电力工业

2.1.1 一次能源资源概况

阿尔巴尼亚国内一次能源储量较少，主要一次能源为石油和天然气。阿尔巴尼亚有着欧洲陆地上最大的油田，石油年产量超过 140 万 t。根据阿尔巴尼亚商务部最新数据，截至 2020 年阿尔巴尼亚探明石油储量为 4.38 亿 t，天然气储量约为 181.6 亿 m^3，除此以外，阿尔巴尼亚国内还具备一定的煤炭储量，约 7.94 亿 t。

2.1.2 电力工业概况

2.1.2.1 发电装机容量

2023 年，阿尔巴尼亚全国电力装机容量为 2675 MW，水力发电装机容量为 2228 MW，占比 83.28%，另有 382 MW 为私人独立装机容量，均为小型水力发电机。石油发电装机容量为 65 MW，占比 2.42%。阿尔巴尼亚国内共 4 座大型公共发电厂，其中 3 座为水电厂，1 座为火电厂，其余均为私人小型水电厂。

2.1.2.2 发电量及构成

阿尔巴尼亚国内发电量自 2010 年以来经历了先下跌后上升的过程。2017 年全国发电总量创下了历史新低，仅 4525GWh。但在 2018 年，全国发电量为 8552GWh，较 2017 年上升 89%。2020 年又跌回 5310 GWh，阿尔巴尼亚目前电力供应状况仍比较困难。近年来，阿尔巴尼亚的电力供应又重新回到了正常水平，2023 年阿尔巴尼亚的全国发电量约 8796 GWh。2010—2023 年阿尔巴尼亚发电量见图 2-1。

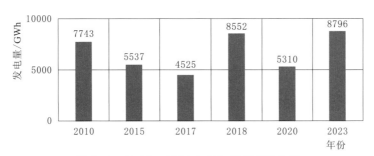

图 2-1　2010—2023 年阿尔巴尼亚发电量

2.1.2.3　电网结构

阿尔巴尼亚电网共三大电压等级，分别为 400kV、220kV 以及 150kV/110kV。截至 2018 年，全国输电线总长度为 2584.9km，其中 400kV 线路共 245.5km，220kV 线路共 1102.8km，150kV/110kV 线路共 1236.6km。

2.1.3　电力管理体制

2.1.3.1　特点

阿尔巴尼亚于 2015 年对《能源法》进行了修订，规定阿尔巴尼亚能源监管部为阿尔巴尼亚国内最高的电力工业监管机构；并规定，阿尔巴尼亚国家电网公司和阿尔巴尼亚国家配电公司由阿尔巴尼亚能源监管部直接监管。

2.1.3.2　机构设置及职能分工

1. 阿尔巴尼亚能源监管部

阿尔巴尼亚能源监管部是阿尔巴尼亚电力工业的专项管理机构，上级组织为阿尔巴尼亚基础建设及能源部。阿尔巴尼亚电力行业监管部门见图 2-2。阿尔巴尼亚能源监管部主要负责阿尔巴尼亚国内一切电力活动的监管工作。主要职责包括竞争性电力市场的开放及组织和运营、颁发及授权电力行业相关许可证、规范电力部门的活动、保护消费者权益、确保市场公平竞争等。

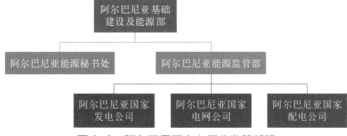

图 2-2　阿尔巴尼亚电力行业监管部门

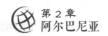
2. 阿尔巴尼亚能源秘书处

阿尔巴尼亚能源秘书处负责阿尔巴尼亚国内能源相关法律的起草工作。

3. 阿尔巴尼亚国家电网公司

阿尔巴尼亚国家电网公司是国内唯一的电网公司，负责国内电网的建设、运营、调度、维护业务。

4. 阿尔巴尼亚国家配电公司

阿尔巴尼亚国家配电公司是国内唯一的配电公司，负责国内的电力配售业务。

2.1.4 电网调度机制

阿尔巴尼亚国内采取全国统一的调度机制，全国电网的调度由阿尔巴尼亚国家电网公司负责。

阿尔巴尼亚国家电网公司成立于2004年，负责国家电网的建设、运营、维护及调度工作。国家电网公司根据国家的长期要求开发阿尔巴尼亚国内的输电系统，并负责协调与邻国的电力互联网的发展。同时致力于发展国内电力市场化运营，在国内建立真正的市场化运营电力市场。

2.2 主要电力机构

2.2.1 阿尔巴尼亚国家电网公司

2.2.1.1 公司概况

阿尔巴尼亚国家电网公司成立于 2004 年 7 月 14 日，在阿尔巴尼亚电力改革之后，国内开始实行发、输、配电分开经营的电力市场制度。阿尔巴尼亚国家电网公司是输电环节唯一的电力公司。

2.2.1.2 组织架构

阿尔巴尼亚国家电网公司组织架构见图 2-3。董事会是公司最高的管理机构，下设有电力调度部门、电网建设部门、电网运营及维护部门以及行政部门。

电力调度部门负责阿尔巴尼亚国家电网的电力调度，包括电力供需匹配、电力进出口、电力紧急调度等工作。电网建设部门负责阿尔巴尼亚国内新网线的设计、规划、建设工作。电网运营及维护部门负责国内电网的巡视、维修、检修、紧急抢修等工作。

图 2-3 阿尔巴尼亚国家电网公司组织架构

2.2.1.3 业务情况

阿尔巴尼亚国家电网公司主要负责执行输电网络运营商、调度系统运营商和市场运营商的职能，保证配电系统变电站和直接连接至输电网络的电力消费者之间的电力供应不断，维持国内电力传输的稳定以及阿尔巴尼亚国家与该地区各国的互联。目前管理阿尔巴尼亚全国共 2584.9km 输电线。

另外，公司目前正针对南阿尔巴尼亚地区的输电网络进行升级，该项目覆盖范围极广，覆盖南阿尔巴尼亚地区的西部和东部，包括一条长约 105km 的 110kV 输电线，一条 55km 的 110kV 输电线以及一条 36km 的 110kV 输电线，以外还将为当地建设一座 150MVA 的变电站。所有新建线路均采用 N-1 静态安全标准，确保大面积供电和高负荷供电时的安全性，为当地旅游基建提供可靠的电力供应。

2.2.1.4 国际业务

阿尔巴尼亚国家电网公司负责与邻国建设电网互联系统，目前主要有 4 个电网互联系统变电站，分别为：220kV 菲尔兹—普里兹伦（希腊）、220kV 科普利克—波德戈里察（黑山）、400kV 赞布拉克—卡拉迪亚（希腊）、400kV 提拉那—波德戈里察（黑山）。除此以外，公司还计划与塞尔维亚之间建立一条长达 242 km 的输电线路。

2.2.1.5 科技创新

阿尔巴尼亚国家电网公司目前正建设全新的电力调度中心，采用了 SCADA 系统，能够帮助调度中心更好地对电网负荷和运行情况进行实时监控；同时该系统能够与其他电网系统进行实时数据传输，为阿尔巴尼亚接入欧洲电网奠定技术基础。

2.3 碳减排目标发展概况

阿尔巴尼亚承诺到 2030 年实现无条件碳减排目标，与往常相比，碳

减排 20.9%。

阿尔巴尼亚国内缺少相关的碳减排政策支持。目前唯一提到有碳减排相关目标的为 2019 年提出并于 2021 年修订的《阿尔巴尼亚国家气候变化战略》及附件《国家减缓行动计划》《国家适应计划》，即提出到 2030 年，相比 2020 年减少 20.9% 的碳排放。

2.4 储能技术发展概况

据国际可再生能源署（IRENA）预测，阿尔巴尼亚太阳能和风能潜力超过 7000MW，是目前总装机容量的 3 倍以上。到 2030 年，该国将新增 620MW 的风电项目。阿尔巴尼亚利用太阳能和风能增加能源的多样性，从而降低该国对水电的依赖。据悉，阿尔巴尼亚是欧洲东南部地区可再生能源比例最高的国家之一，但国内可再生能源装机主要是水电，很容易受到降雨减少等气候外部性的影响。

一方面，阿尔巴尼亚的电力部门面临着缺乏储能系统（ESS）的窘境，因此时常遭遇在非高峰时段产生大量电力，而多余的电力无法储存的情况；另一方面，输电容量升级跟不上高峰用电需求的增长。因此，阿尔巴尼亚电网会出现拥塞问题，进而导致相当大的不确定性。阿尔巴尼亚北部拥有多座水电设施，蕴藏着巨大的潜能，但因缺乏 ESS 而未被完全利用。因此在能源转型方面，当前阿尔巴尼亚政府正致力于维护和发展灵活、可持续、安全、高效和经济的储能系统。

2.5 电力市场概况

2.5.1 电力市场运营模式

2.5.1.1 市场构成

阿尔巴尼亚电力系统主要由电力监管、发电、输变电、配售电等部分组成。其中，能源监管局是阿尔巴尼亚的电力监管部门，负责电力市场的准入、规划及整体监管；阿尔巴尼亚电力公司是全国最重要的发电企业，旗下拥有全国最大的 3 座水电厂和唯一的火电厂；阿尔巴尼亚国家电网公司负责全国输电网络的建设、运营、调度和维护，并承担与周边国家电网互联互通的推进协调工作；阿尔巴尼亚国家配电公司负责全国配电网络的建设、运营和维护，并为终端用户提供电力配售服务。阿尔巴尼亚国家发电公司、阿尔巴尼亚国家电网公司和阿尔巴尼亚国家配电公司三大电力运营商均为国有企业，是阿尔巴尼亚电力市场的最主要参与者。阿尔巴尼亚电力市场结构见图 2-4。

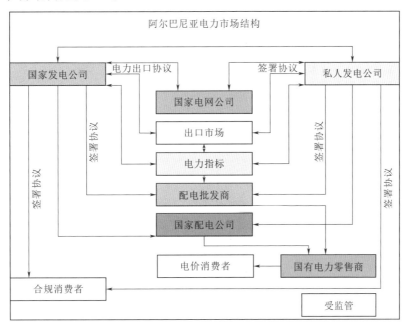

图 2-4　阿尔巴尼亚电力市场结构

阿尔巴尼亚在发电环节采取市场化竞争的模式，在输配电环节则采取国家垄断的模式。阿尔巴尼亚采取这类电力市场结构的主要目标如下：

（1）为竞争性电力市场创造条件，允许根据能源成本确立合适的有利于竞争的电价机制。

（2）为进出口市场建立条件，提高消费者权益，为融入欧洲电力市场创造灵活性。

（3）组织并运营电力交易中心。

2.5.1.2　结算模式

虽然阿尔巴尼亚在发电领域采取市场化上网电价模式进行结算，但所有私人发电公司的发电成本均需要受到严格监管，发电公司最高市场平均售价不能超过其发电成本的 10%。最终终端用户电价由上网电价、输电成本、配电成本综合计算而成。

2.5.1.3　价格机制

阿尔巴尼亚的电价分为居民用户和私营企业用户两种类型。其中居民

用户的价格是按照每千瓦时计算，并以家庭平均消费量来计价。每月消费量不高于 300kWh 的，价格为 0.086 美元 /kWh；每月消费量高于 300kWh 的，价格为 0.15 美元 /kWh。根据能源监管机构批准的方法，私营企业用户的电力购买价格为 0.079 美元 /kWh。

2.5.2　电力市场监管模式

阿尔巴尼亚电力市场受到阿尔巴尼亚能源监管部监管。

阿尔巴尼亚能源监管部重点监管阿尔巴尼亚国内所有的发电公司、输电公司以及配电公司。

第 3 章

▪ 波 兰

3.1 能源资源与电力工业

3.1.1 一次能源资源概况

波兰拥有丰富的矿产资源，处于工业化后期后段，矿产冶炼加工产业较发达。铜、铅、锌、银和煤炭为波兰优势矿产，铜和煤炭产业为波兰重点产业，煤、硫黄、铜、银的产量和出口量居世界前列。

根据 2023 年《BP 世界能源统计年鉴》，波兰一次能源消费量达到 4.33EJ，其中石油消费量为 1.46EJ，天然气消费量为 0.65EJ，煤炭消费量为 1.81EJ，水电消费量为 0.02EJ，可再生能源消费量为 0.39EJ。

3.1.2 电力工业概况

3.1.2.1 发电装机容量

根据波兰电力市场统计，2023 年，波兰全国发电装机容量为 60.75GW，其中火电占绝大多数，共 31.90GW；可再生能源发电排名第二，共 25.40GW；水电共 2.80GW。详细发电装机容量占比见图 3-1。

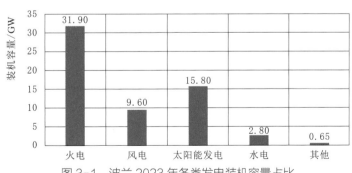

图 3-1 波兰 2023 年各类发电装机容量占比

从历史装机容量来看，波兰正大力发展可再生能源发电。2012 年，波兰可再生能源装机容量仅为 2.61GW，2023 年达到 25.40GW，总装机容量也实现了大幅增长。波兰 2012—2023 年发电装机容量见图 3-2。

	2012年	2014年	2018年	2023年
■ 火电	30.20	28.80	32.20	31.90
■ 水电	4.60	4.80	3.60	2.80
□ 可再生能源	2.61	3.80	4.90	25.40

图 3-2　波兰 2012—2023 年发电装机容量

3.1.2.2　发电量及构成

据统计，截至 2023 年，波兰全年发电量约 168.75 TWh。其中火力发电量占比超过 80%。从历史发电量来看，褐煤、硬煤、煤气等依然贡献了主要发电量，但波兰在努力减少对煤炭的依赖，可再生能源发电量逐年上升。2023 年波兰主要能源发电量见图 3-3。目前，波兰供电较为充足。

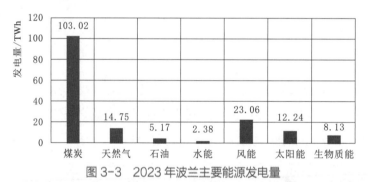

图 3-3　2023 年波兰主要能源发电量

3.1.2.3　电网结构

波兰、捷克、斯洛伐克和匈牙利的配电系统现已完全融入欧洲发输电协调联盟（UCPTE）系统。波兰还与乌克兰和白俄罗斯的分销系统保持着密切的联系。这些电网的连接为波兰与这些国家的电力交换提供了便捷条件，每个系统的订单量为 3GW。波兰电网总长 13053km，共 236 条线路，包括约 200km 的 750kV 线路，约 5031km 的 400kV 线路和约 7900km 的 220kV 线路，由 106 个大型变电站连接在一起。

3.1.3 电力管理体制

3.1.3.1 特点

波兰电力部门最重要的法律是《能源法》，该法案实施的是欧盟能源法规。《能源法》规定了电力及其发电的供应（输电、配电和售电）规则，能源设施运营规则，网络和设备规则，能源监管的义务和权利，管理局（ERA）以及许可和能源关税规则等。波兰的电力市场由分别负责发电、输电、配电和售电领域的国有企业主导。在这些领域活跃的4个主要资本集团包括 PGE、Tauron、Enea 和 Energa。

波兰电力公司（PSE）于1990年8月由波兰贸易和工业部创建，是一家股份制公司，由波兰政府全资拥有。PSE是波兰高压电网的所有者，负责电网运行和电力调度。其配电部门由33家配电公司组成，这些公司都是股份制公司，利用 110kV、15kV 和 0.4kV 线路为客户供电。

3.1.3.2 机构设置及职能分工

波兰的电力最高监管机构为能源部，详细结构见图3-4。其中下属的电力部分能源监管办公室负责电力市场管理，并监测国家电力系统的运作情况，编写关于监测电力供应安全结果的报告；为该部门制定法律和监管市场环境，为市场制定经济激励和纠正措施；处理电力市场领域的案件，开展智能电网实施的行动，包括实施智能计量系统，建立测量信息运营商和开发储能电源；通过电力市场企业规划发电、输电、配送等策略。

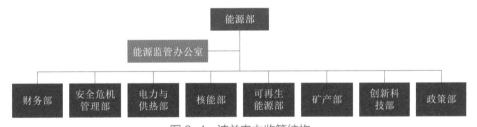

图 3-4　波兰电力监管结构

3.1.4 电网调度机制

根据《能源法》，波兰输电网络由 PSE 拥有和运营，该公司由国家财政部持有全部股份。

PSE负责波兰国内所有输电线路的建设、运营、维护、投资洽谈等工作，同时承担国内电力调度的任务。输电系统运营商（TSO）和在特定情况下的配电系统运营商（DSO）受到分拆规定（将输电和配电活动与发电和售电分开）及其他更严格的规则约束。截至 2018 年年底，183 个波兰配电系统运营商参与了电力分配。

3.2 主要电力机构

3.2.1 波兰电力公司

3.2.1.1 公司概况

波兰电力公司（PSE）负责提供电力传输服务，同时保持国家电力系统（KSE）所要求的运行安全标准。主要负责波兰国内所有输电线路的建设、运营、维护、投资洽谈等工作，以及国内的电力调度任务。

2022 年，波兰电力公司净利润为 8400 万美元，相比 2019 年的 1.1 亿美元减少了 2600 万美元。主要原因是受到俄乌冲突的影响公司总体收入减少，此外，相比新冠疫情前净利润尚未恢复。

3.2.1.2 历史沿革

波兰电力公司成立于 1990 年 8 月 2 日，并于 1990 年 9 月 28 日注册。公司归属财政部，财政部根据《商业公司准则》拥有股东大会的所有权利。

自 2004 年 7 月 1 日起，PSE-Operator 公司成立，从波兰电力公司租赁电网资产，从而将国内售电与输电业务分开。

3.2.1.3 组织架构

波兰电力公司组织架构见图 3-5。

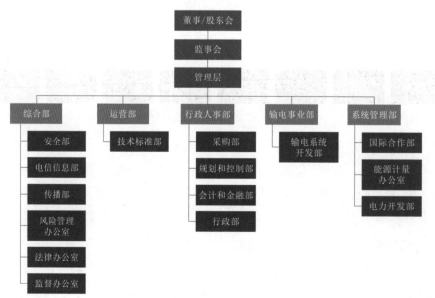

图 3-5　波兰电力公司组织架构

3.2.1.4 业务情况

波兰电力公司作为输电系统运营商，其最关键和重要的任务是确保电力供应的安全。波兰电力公司还必须为新发电厂和零售电力供应商提供电力传输服务，并建设跨境互联电网。为了有效地执行这些任务，需要一个高效和完善的网络基础设施，即输电线路和变电站。因此，在与输电基础设施相关的领域投资具有重要意义。

为实施波兰的能源政策，波兰电力公司的投资活动主要集中在 400kV 线路的开发上，这些线路具有更好的传输能力和更低的能量损耗。现有的 220kV 网络逐渐被 400kV 网络所取代，并且正在逐步更换低损耗变压器。

作为输电系统运营商，负责超过 14195km 的超高压线路和 106 个变电站，以及一条长达 127km 的 450kV 海底电缆线路。网络的可用性在很大程度上决定了整个系统的运行安全性。因此，公司应将传输网络维持在满足用户要求的良好状态。

3.2.1.5 国际业务

波兰电力公司是欧洲输电运营商联盟（ENTSO-E）的成员。目前波兰与德国、捷克、斯洛伐克使用 400kV 双回路线路进行了同步互联，与乌克兰、瑞典、立陶宛的电力系统进行了跨境互联。

3.2.1.6 科技创新

目前正在制定的《减贫战略文件 2018—2027 草案》继续实施《减贫战略文件 2016—2025 草案》中规定的输电网络发展方向。PSE 的战略目标是建立一个基于 400kV 电压的电力骨干网络，该网络将能够适应计划中的发电系统发展情景，尤其是发电部门的发展。

波兰的发电行业正在转型，未来能源结构尚未确定。目前的经验表明，在现有的法律和监管框架下，发电企业很难找到建设新发电能力的理由。因此，2017 年 12 月波兰引入了容量市场机制，使投资者能够促进波兰发电容量的增加。2017—2018 年，Włocławek 发电厂和 Gorzów 发电厂的新型联合循环燃气轮机（CCGT）以及 Kozienice 发电厂的燃煤机组使波兰发电部门装机容量大约增加了 1700MW。

3.3　碳减排目标发展概况

波兰是目前唯一尚未承诺实施欧盟 2050 年碳中和目标的欧盟国家。

其主要原因在于，波兰的电力系统极大程度上依赖于一次能源的发电量。经测算，若要实现欧盟 2050 年碳排放的目标，波兰需要降低至少 91% 的温室气体排量，同时增加碳汇来减少剩余的 9% 排量。这对于经济状况较差的波兰来说代价过高，而欧盟也拒绝为波兰的能源转型提供相关财政支持，因此波兰当前成为欧盟内唯一一个没有设立"双碳"目标并且拒绝承诺实现 2050 碳中和目标的国家。

3.4　储能技术发展概况

波兰的储能容量较小，主要由抽水蓄能（2020 年装机容量为 1.7GW，年发电量为 7.6GWh）组成，由输电系统运营商控制，主要用于系统平衡。波兰的电池储能部署也很有限，2020 年电池储能总装机容量达到 9MW 左右，年发电量在 33MWh 左右。这些电池储能系统连接到配电系统，主要由配电系统运营商用于稳定电压。此外还有一个装机容量 1MW，年发电量 2MWh 的蓄电池项目正在进行中。

当前波兰政府的目标是提高储能能力，以支持可变发电的整合并提高系统灵活性。波兰能源集团（PGE）的目标是到 2030 年建设 0.8GW 的储能装机。此外《波兰 2040 年能源政策》（EPP2040）设定了到 2040 年建设约 1.0GW 储能装机容量（不包括抽水蓄能）的目标。波兰计划对结合可再生能源与储能技术的混合项目进行拍卖。试点拍卖在 2022 年举行，其目标是为两类项目提供支持：一类是总规模达 15MW 且单个项目容量大于 1MW 的项目；另一类是总规模为 5MW，且单个项目容量小于或等于 1MW 的项目。

波兰已调整能源行业法规以支持储能。2021 年 5 月，波兰修订了《能源法》，为电池储能建立了明确的许可程序和监管状态，并取消了对电池充电和放电的双重关税。根据新规定，50kW 以上的电池储能系统需要向相关系统运营商注册，10MW 以上的系统只需要获得许可。电池储能系统现在可享受 50% 的电网连接费折扣，并有资格参与可再生能源支持计划。该修正案还明确了抽水蓄能的现状，并建立了其他储能技术的监管机制；允许配电系统运营商将储能纳入其投资计划，并在确保电力供应的情况下通过关税收回储能成本，包括成本效益分析，以表明储能是最经济可行的选择。

3.5 电力市场概况

3.5.1 电力市场运营模式

3.5.1.1 市场构成

波兰电力市场由 4 家大型垂直综合电力公司主导，这些企业在法律上是独立的。波兰最大的 3 家发电公司发电量占总发电量的 2/3 左右，电力批发市场的集中程度仍然相对较高。2022 年波兰国内用电量为169260GWh，即 169.26TWh，较 2021 年的 170230GWh 有所下降。

3.5.1.2 结算模式

波兰电价按照发、输、配、售各环节的实际成本进行计算，由波兰能源部计算，通过波兰国会审议并签发每个季度的电价。

3.5.1.3 价格机制

波兰电价近年来受到俄乌冲突的影响逐年攀升，2023 年波兰电价创下了历史新高。2023 年全年平均电价约为 15.31 欧分 /kWh。波兰 2010—2023 年各年平均电价见图 3-6。

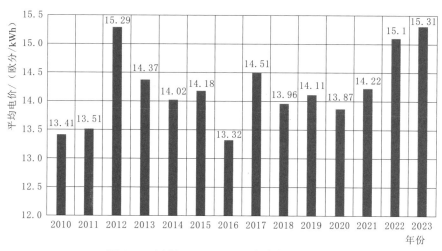

图 3-6　波兰 2010—2023 年各年平均电价

3.5.2 电力市场监管模式

3.5.2.1 监管制度

波兰能源市场的监管职能由能源监管办公室（URE）执行，该办公室是中央政府管理机构之一，根据《能源法》和国家能源政策的要求规范能源企业的活动，同时平衡各个能源市场参与者的利益。能源部部长和电力局的主席是决定监管政策和对电力部门进行监督的主要主体，部长理事会负责为国家采用的能源制定政策。能源部部长就与能源部门有关的大部分行为启动立法程序，并负责通过各种立法法案，构成《能源法》和其他一些法案的二级立法。能源部部长还积极地参与到波兰和欧洲能源政策的制定。

能源监管办公室主席负责监管能源公司的活动，旨在平衡能源企业与燃料和能源客户的利益。管理局主席监督活跃在电力市场上的实体，目的是验证波兰和欧盟法律产生的相关义务以及行政决策是否得到满足。

此外，环境部部长参与制定气候政策及环境标准。

3.5.2.2 监管内容

监管机构的基本职能包括但不限于如下内容：

（1）批准电价。

（2）授予在能源市场上开展特定类型活动的许可。

（3）批准与能源市场当前运作有关的特定正式文件。

（4）控制能源市场经营者和该市场个人参与者履行义务。

（5）控制能源供应和客户服务的质量参数。

（6）颁发与可再生能源相关的能源原产地证书。

（7）解决能源市场参与者之间的纠纷。

（8）抵制能源市场的垄断行为。

（9）促进能源市场的竞争。

第 4 章

■ 德 国

4.1　能源资源与电力工业

4.1.1　一次能源资源概况

目前，德国的主要燃料是石油，占一次能源总消耗量的 35.8%。天然气是德国现阶段除石油之外用量最大的一次能源，占一次能源总消耗量的 23.1%。煤炭紧随其后，占一次能源总消耗量的 21.3%。核能作为 20 世纪德国最大的发电能源之一，前期占比很大，但是德国于 20 世纪 90 年代发布境内所有核电站将被其他能源替代的政策，目前核能仅有约 5% 的占比量。

德国境内的煤炭基本为次烟煤与褐煤，共计约 361.08 亿 t，占世界总量的 3.5%。天然气储产比则只有 5.1。德国的一次能源存在非常严重的匮乏情况，德国政府也一直大力推行可再生能源的发展与利用，德国已成为全球领先的可再生能源发电国家。

根据 2023 年《BP 世界能源统计年鉴》，德国一次能源消费量达到 12.3EJ，其中石油消费量为 4.26EJ，天然气消费量为 2.78EJ，煤炭消费量为 2.33EJ，核电消费量为 0.31EJ，水电消费量为 0.16EJ，可再生能源消费量为 2.45EJ。

4.1.2　电力工业概况

4.1.2.1　发电装机容量

截至 2023 年年底，德国化石能源发电装机容量达到 91.1 GW，占德国发电总装机容量的 38.3%，是德国最主要的电力来源。太阳能发电与风电这两大可再生能源的装机容量分别达到了 63.3 GW 与 55.2 GW，占总装机容量的 27% 与 23%。除此之外，占比第四的是水电，装机容

量为 14.5GW。第五、第六位的生物质能发电和核电，装机容量分别为
12.1 GW 与 9.1 GW。德国近年来各类能源装机容量变化见图 4-1。

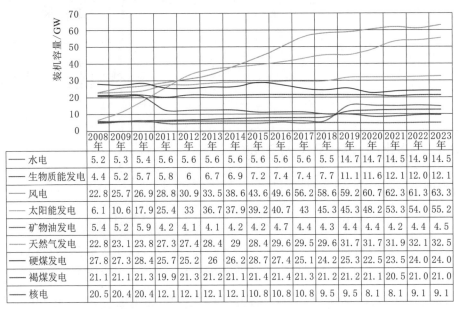

	2008年	2009年	2010年	2011年	2012年	2013年	2014年	2015年	2016年	2017年	2018年	2019年	2020年	2021年	2022年	2023年
水电	5.2	5.3	5.4	5.6	5.6	5.6	5.6	5.6	5.6	5.6	5.5	14.7	14.7	14.5	14.9	14.5
生物质能发电	4.4	5.2	5.7	5.8	6	6.7	6.9	7.2	7.4	7.4	7.7	11.1	11.6	12.1	12.0	12.1
风电	22.8	25.7	26.9	28.8	30.9	33.5	38.6	43.6	49.6	56.2	58.6	59.2	60.7	62.3	61.3	63.3
太阳能发电	6.1	10.6	17.9	25.4	33	36.7	37.9	39.2	40.7	43	45.3	45.3	48.2	53.3	54.0	55.2
矿物油发电	5.4	5.2	5.9	4.2	4.1	4.1	4.2	4.2	4.7	4.4	4.3	4.4	4.4	4.2	4.4	4.5
天然气发电	22.8	23.1	23.8	27.3	27.4	28.4	29	28.4	29.6	29.5	29.6	31.7	31.7	31.9	32.1	32.5
硬煤发电	27.8	27.3	28.4	25.7	25.2	26	26.2	28.7	27.4	25.1	24.2	25.3	22.5	23.5	24.0	24.0
褐煤发电	21.1	21.1	21.3	19.9	21.3	21.2	21.1	21.4	21.3	21.2	21.2	21.2	21.1	20.5	21.0	21.0
核电	20.5	20.4	20.4	12.1	12.1	12.1	12.1	10.8	10.8	10.8	9.5	9.5	8.1	8.1	9.1	9.1

资料来源：彭博金融数据终端、ENTSO-E。

图 4-1 德国 2008—2023 年各类能源装机容量变化 ❶

对比 2008—2023 年的统计数据可以看出，虽然化石能源依然是德国
最主要的电力来源，但是其所占比例却逐年降低，而且在德国的全国用电
量逐年递增的情况下，化石能源的发电量却并未递增。风能与太阳能这两
大新能源发电从 2008 年的 22.8GW 与 6.1GW 增长到了 2023 年的 63.3 GW
与 55.2GW，同比增长了 4 倍有余。由此可见德国对于可再生能源的利用
与开发技术逐渐成熟。核电在 2010—2023 年中的占比有着明显的骤降。
从 2010 年的 13.1% 降至 2023 年的 3.9%。不难看出德国政府正在逐步削弱
核电站的发电量。德国本计划于 2022 年前全部退役现有的核能发电机组，
但受到俄乌冲突的影响，为了保证国内的能源供给，这一计划被多次推迟。

4.1.2.2 发电量及其构成

2023 年德国的全国发电总量为 528TWh，其中化石能源以 265.5TWh
的发电量遥遥领先于其他能源。可再生能源紧随其后，以后来居上的姿态
一举反超核能，以 189.5TWh 的发电量位居第二。核能这个正在被德国逐
步淘汰的能源于 2023 年全年发电 73.0TWh。德国 2008—2023 年各类能

---

❶ 从 2019 年起，德国将抽水蓄能纳入了发电装机容量的统计中，并归类为水电。

源发电量见图 4-2。据了解，德国平均停电时间为 0.2h，供电可靠率达到99.998%。

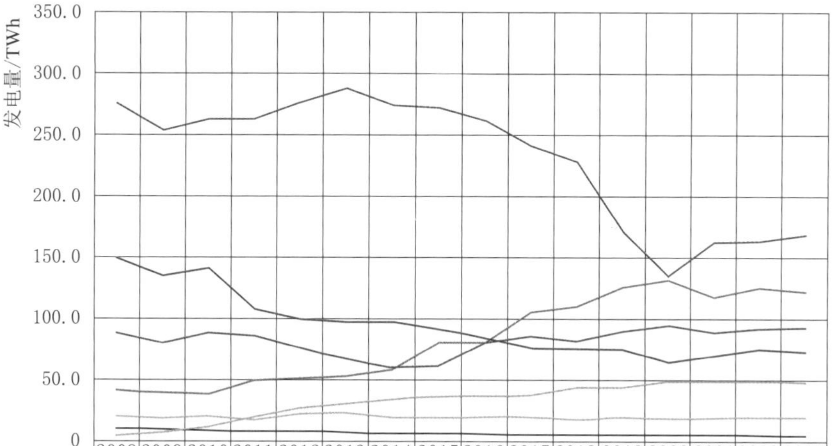

	2008年	2009年	2010年	2011年	2012年	2013年	2014年	2015年	2016年	2017年	2018年	2019年	2020年	2021年	2022年	2023年
—— 煤炭	275.2	253.4	262.9	262.5	277.1	288.2	274.4	272.2	261.7	241.2	228.2	171.4	134.6	162.6	163.3	168.1
—— 石油	9.5	9.9	8.6	7.0	7.5	7.0	5.5	6.1	5.7	5.5	5.1	4.8	4.7	4.8	4.5	4.2
—— 天然气	88.5	80.3	88.8	85.7	75.9	67.0	60.6	61.5	80.6	86.0	81.6	90.0	95.0	89.0	92.0	93.2
—— 水能	20.4	19.0	21.0	17.7	21.8	23.0	19.6	19.0	20.5	20.1	17.7	19.7	18.3	19.1	20.1	19.2
—— 风能	41.4	39.4	38.5	49.9	51.7	52.7	58.5	80.6	79.9	105.7	110.0	125.9	132.1	117.7	125.3	122.3
—— 太阳能	4.5	6.7	12.0	20.0	26.7	30.6	34.6	37.2	36.7	37.9	43.5	44.4	48.6	49.0	49.0	48.0
—— 核能	148.8	134.9	140.6	108.0	99.5	97.3	97.1	91.8	84.6	76.3	76.0	75.1	64.4	69.0	75.0	73.0

图 4-2 德国 2008—2023 年各类能源发电量

同时，自 1990 年德国开始实行能源转换政策以来，可再生能源的发电量开始逐年稳步提高，并于 2010 年起开始骤增。核能与煤炭这两项老牌能源开始被逐步淘汰。

4.1.2.3 电网结构

德国因为其极高的城镇化水平，电网覆盖率极高，电网架构坚固。德国输电网总长度约为 3.5 万 km，输电网分为 220kV 与 380kV 两个电压等级。大部分电力线使用交流电，但计划在 2025 年前建成的德国北部和南部之间的新输电线将使用更高效的高压直流（HVDC）技术。德国配电网分为 60kV、6kV、400V、230V 四个电压等级，分为三个不同的配网层面：①高压配网线（60～220kV）最短，仅有 7.7 万 km；②6～60kV 的中压配网线总长 49.7 万 km，位居第二；③最长的 230～400V 的低压配网线总长高达 112.3 万 km。德国的输电网主要由 Tennet、50Hertz、Amprion 和 TransnetBW 四个输电系统运营商组成。

输电网用于远距离输送电力，将电力从生产地输送到需求地区，并向国外输出电力。目前，德国只有 0.4% 的输电网铺设在地下。德国政府为了回应公众对陆上电力线和高压线塔的抗议，其新的立法将优先考虑地下电缆，尽管这种技术的安装和维护成本更高。

4.1.3　电力管理体制

4.1.3.1　电力体制改革

德国的电力系统是西欧联合电力系统的组成部分，全国包括 10 个互联地区网络。这 10 个互联网地区电网拥有自主经营管理权，并通过电力联网协会相互协调发电供电，一同建设和协调其电网运行方式。

德国原本由大型联网公司统一进行发、输、配电，因此原先的电力市场不存在竞争现象。后来由于欧盟的统一改革要求，1998 年德国开启了电力市场化的改革之路。在欧盟发布第 3 个有关电力和天然气市场化改革的指令草案一年后，2008 年德国也进行更为彻底的电力改革，遵循厂网分开和交易机构独立原则，开放电力和天然气市场。

现在德国的电力市场是开放的，发电厂都是私有企业，没有国有的电力公司。1998 年电力改革初期德国人选择了直接开放电网，赋予所有终端用户自由选择供电商的权利。各种区域性的能源集团不断重组和整合，最后形成了四大发电公司，即意昂（E.ON）公司、莱茵能源（RWE）公司、巴登 - 符腾堡州能源（EnBW）公司与大瀑布（Vattenfall）公司，以及四大输电系统运营商 Tennet、Amprion、50Hertz、TransnetBW。

1986 年苏联的切尔诺贝利核事故和 2011 年的日本福岛核事故，让德国决定废弃核电，普及可再生能源。尽管要负担可再生能源附加费，但这一决定仍旧受到民众的广泛支持。目前德国平均电费是 29.8 欧分 /kWh，在欧盟地区仅低于丹麦，但跟德国人的收入相比仍在合理范围内，甚至比不少国家还便宜。

4.1.3.2　机构设置及职能分工

应欧盟要求，德国于 2005 年成立联邦网络管理局（Federal Network Agency, FNA），于 2006 年 1 月 1 日将电力、煤气、电信、邮政、铁路等公用事业进行市场化改革后管制监督业务集中由 FNA 负责。FNA 是一个独立的高级管理机构，旨在确保电信和邮政（1998 年）、电力（2005 年）、煤气（2005 年）和铁路（2006 年）等行业传输网的充分竞争，总部位于波恩。FNA 约有 2500 人，其中约 185 人负责电力与煤气。

FNA 由执行委员会、管理部、2 个内部职能部门、6 个业务部门以及决策委员会组成。执行委员会包括主席 1 名，副主席 2 名，都是通过一个临时委员会选举产生，临时委员会的成员来自联邦政府和各州政府。FNA 的所有决定由决策委员会作出。决策委员会的决策程序类似于司法程序，保证了决策的公平、公正、公开。德国监管机构通过职责的清晰划分、工作的透明性来保持其独立性，保证监管机构的市场参与和政府影响，保持监管者中立。

4.1.4　电网调度机制

德国电网具有再调度机制的特点。电网出现输电瓶颈时，处在瓶颈前端的发电厂要减少发电量，处在瓶颈后端的发电厂要增加发电量。未来不但传统的发电厂要参加电力再调度，而且比传统发电厂能更有效排除瓶颈问题的可再生能源发电设备和热电联产设备也应参与电力再调度。最佳的电力再调度可减少再调度装机容量，从而明显降低目前每年约 10 亿欧元的电力再调度成本。

风电场的实时调度是通过各输电网控制中心和上百个配电网控制中心实现的。风电场实时数据直接上传至配电网控制中心。根据德国《可再生能源法》的规定，所有容量大于 100kW 的可再生能源发电设备必须具备遥测和遥调的技术条件，才允许并入互联电网。当输电网运营商的输电线路存在阻塞，其首先给下属配电网调度指令下发限电指令，令其限制一定份额的电力。然后配电网或者直接限制连接在本网的可再生能源电力，或者再给其下属的中压电网调度中心指令，令其限制一定份额的电力。目前，虽然德国新能源出力已达到很高比例，但灵活的市场及调度运行机制使得电网运行安全依然可以得到保证。

在德国，输电系统运营商负责各自电网部分的运行、维护和开发。他们的工作是调节电力供应，包括平衡可再生能源与常规发电的电力波动。

4.2　主要电力机构

4.2.1　意昂公司

4.2.1.1　公司概况

意昂（E.ON）公司是一家股份制公司，总部位于北莱茵威斯特法伦州杜塞尔多夫，是世界上规模最大的私营电力服务供应商之一，拥有43000 名员工。2000 年 6 月 16 日费巴（Veba）和维尔格（Viag）合并成为 E.ON 公司。2000 年 6 月 19 日 E.ON 公司将其在 Schmalbach-lubeca 的股份转移到新建的公司 AV Packaging，自 8 月 24 日起 E.ON 公司的投资人将主要从新的公司获取利润。2000 年 7 月 13 日 Bayernwork 和 Preussen Elekla 联合建立 E.ON 公司，使之成为欧洲最大的电力公司。公司主要经营电力、化工和石油，兼营贸易、运输和服务业。E.ON 公司目前关注 3 大核心业务：能源网络、客户解决方案和可再生能源。

E.ON 公司在 2022 年营收 914.629 亿美元，利润 55.463 亿美元。

4.2.1.2　历史沿革

1999 年 9 月 27 日的发布会上，两个能源巨头 Veba 和 Viag 宣布于 2000 年合并。他们其中的一个子公司 E.ON 公司源于普鲁士电力和巴伐利亚能源。

2001 年 11 月 E.ON 公司向联邦卡特尔局提交并购位于埃森市的鲁尔天然气股份公司的申请。被联邦卡特尔局否决之后，又再次申请，最终获得许可。到 2003 年 3 月，E.ON 公司与竞争伙伴持续开展对收购活动的法律纠纷。最终 E.ON 公司成为鲁尔天然气股份公司的唯一主人，它占有德国天然气 60% 的市场份额。2004 年 7 月 1 日鲁尔天然气股份公司更名为 E.ON 鲁尔天然气股份公司，并且归属于 E.ON 公司。

2014 年 12 月 1 日 E.ON 公司宣布将公司业务分为两部分，分别为可再生能源和常规能源。原有的公司（E.ON 公司）将聚焦于可再生能源，而新成立并公开上市的 Uniper SE 公司则负责常规能源的开发、生产和贸易。Uniper SE 旗下资产是原 E.ON 公司下的传统发电资产和能源交易，以及北欧的水电资产。2016 年，Uniper SE 公司从 E.ON 公司中独立出来。

4.2.1.3　组织机构

E.ON 公司由管理委员会、可持续发展部、可持续发展委员会以及单位和中央职能部门构成。

1. 管理委员会

E.ON 公司管理委员会制定公司的可持续发展战略，并全面负责公司的可持续发展绩效。被指定的首席可持续发展官（CSO）负责监督公司的可持续发展活动，并每季度向管理委员会通报重要的可持续发展举措、进展和关键绩效指标。

2. 可持续发展部

可持续发展部参与可持续发展工作的各个方面。其主要任务是协调可持续发展举措的规划和实施，监督其进展，收集可持续发展数据，并开展年度重要性分析和可持续发展报告。该团队还为员工提供可持续发展问题的建议，并努力提高整个组织可持续发展的意识。

3. 可持续发展委员会

该委员会是一个分享信息，讨论如何实现可持续发展目标以及确定新挑战的论坛。它提供有关可持续发展的公司政策建议，并定期评估可持续发展战略是否符合公司的愿景、企业战略和品牌文化。

4. 单位和中央职能部门

每个单位和中央职能部门的管理团队负责采取行动以提高可持续性，并实现可持续性目标。每个单位和中央职能部门都有可持续发展工作人员，他们可以提高可持续发展认识、协调项目，并监督目标的实现。

4.2.1.4 业务情况

1. 经营区域

E.ON 公司经营范围包括：直接将一部分电力、天然气向工业、民用的终端用户销售，另外一大部分通过当地供应商销售。电力部分由 E.ON 公司旗下的电厂生产或从其他处购买。天然气的销售情况也与电力类似，直接覆盖从天然气采集到运输，再到销售的全过程。

E.ON 公司的经营区域重点是欧洲中部市场，如欧洲中心的东西部，具体包括德国全境、奥地利、瑞士、荷兰、捷克、斯洛伐克和罗马尼亚。以上地区的市场占比达到电力、天然气总销售的 2/3。除此之外，E.ON 公司还覆盖其他地区如英国、美国中西部、意大利、西班牙、俄罗斯和法国的跨区域泛欧洲天然气市场，包括能源交易和环境维护。

E.ON 公司分为 3 个部门来运作：能源网络（Energy Networks）、客户解决方案（Customer Solutions）和可再生能源（Renewables）。

E.ON 公司提供电力和燃气配送网络及相关服务，并向住宅客户、中小型企业、大型商业和工业客户以及公共实体分配能源解决方案；它还计划、建设、运营和管理可再生能源发电资产，包括陆上风能、太阳能和海上风能及其他能源。

此外，E.ON 公司还提供能源咨询、效率、发电和管理解决方案，热泵和储能解决方案，计量服务解决方案，市政和车队的天然气流动解决方案，以及热电联产、可再生能源和生物沼气工厂解决方案。

E.ON 公司还提供各种用于解决电力难题的方案，如：SmartSim——一种燃气电网的数字解决方案；气体和质量跟踪解决方案；GasPro——一种移动式气体样本采集器；GasCalc——一种计算天然气、液化天然气和生物沼气性质的软件；太阳能电池板和电池。

2. 业务范围

E.ON 公司的主要收入类别有客户解决方案、能源网络、可再生能源以及非核心业务。2023 年公司总体业务收入约 1014 亿欧元。E.ON 公司 2017—2023 年各类别营收见图 4-3。

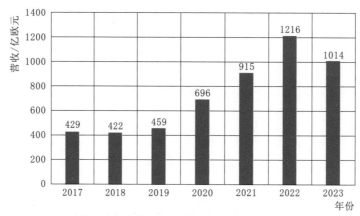

资料来源：彭博金融数据终端。

图 4-3 E.ON 公司 2017—2023 年各类别营收

从非可再生能源装机容量来看，装机总量逐年减少，2018 年总装机容量只有 11285MW。很大一部分原因是化石能源从 2016 年开始突然减少，到 2016 年化石能源装机容量减少至 1014MW，且 2016—2018 年化石能源的装机容量保持不变。可再生能源的装机容量逐年递增，到 2023 年增加至 6500 MW。可见 E.ON 公司近几年以可再生能源为主要发展方针的战略理念。E.ON 公司 2016—2023 年各类能源装机容量见图 4-4。

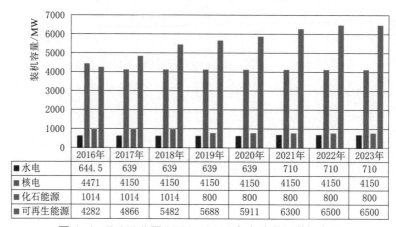

	2016年	2017年	2018年	2019年	2020年	2021年	2022年	2023年
■水电	644.5	639	639	639	639	710	710	710
■核电	4471	4150	4150	4150	4150	4150	4150	4150
■化石能源	1014	1014	1014	800	800	800	800	800
■可再生能源	4282	4866	5482	5688	5911	6300	6500	6500

图 4-4 E.ON 公司 2016—2023 年各类能源装机容量

2023 年的装机容量中，可再生能源占比最大，达到 53.50%；其次是核电，占比为 34.10%，化石能源排第三，占到 6.60%，最后是水电，占到 5.80%。详细占比见图 4-5。

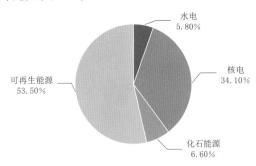

资料来源：彭博金融数据终端。

图 4-5　2023 年 E.ON 公司各类型发电装机容量占比

4.2.1.5　国际业务

E.ON 公司的足迹分布全球，在捷克、比利时、匈牙利、意大利、法国、罗马尼亚、斯洛伐克和英国都有自己的能源公司。除了在德国拥有的 13 家公司以外，在匈牙利有 12 家公司，在斯洛伐克和捷克均有 4 家公司，在法国、罗马尼亚和比利时等也都各有 1 家公司。

从海外历年营收表来看，E.ON 公司的收入波动很大。结合 E.ON 公司的发电量来看，从 2016 年开始大幅度减少了化石燃料能源的发电。E.ON 公司在 2016 年财务报告中指出，公司与德国联邦政府就投资逐步淘汰核能达成共识。淘汰核能的融资将导致 20 亿欧元的减值。资产负债表充分体现了公司的新战略，同时也记录了该公司有史以来最大的亏损。E.ON 公司是德国第一家敢于介入可再生能源产业的电力供应商。E.ON 公司 2015—2023 年海外营收见图 4-6。

资料来源：彭博金融数据终端。

图 4-6　E.ON 公司 2015—2023 年海外营收

从 2023 年的海外收入占比来看，E.ON 公司在德国的收入占比最高，为 44%；在英国的收入位于第二，占比为 26%；除德国、英国、瑞典外的欧盟国家位于第三，占比 22%；瑞典占比 7%，欧盟以外国家占比 1%。不难看出 E.ON 公司的大部分海外业务集中于英国和欧盟国家。2023 年 E.ON 公司各国收入占比见图 4-7。

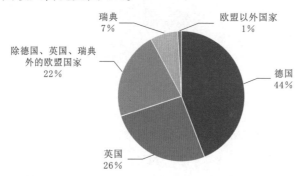

资料来源：彭博金融数据终端。

图 4-7　2023 年 E.ON 公司各国收入占比

4.2.1.6　科技创新

E.ON 公司致力于可持续的能源未来，使能源清洁和消费更加智能化，并为所有客户提供可持续能源。自 2005 年以来，E.ON 公司签署了《联合国指导原则》，并积极支持社会和政府消除供应链中的剥削工作。

E.ON 公司还与亚琛工业大学共同建立了 E.ON 能源研究中心（电力监管委员会）。

电力监管委员会聚焦了可持续能源的诸多决定性因素，比如高效且气候友好型能源的生产、转化、分配以及储存等方面，同时还涵盖了以行为为导向的社会和经济相关问题。跨学科概念使电力监管委员会成为德国乃至欧洲在这方面的先驱。电力监管委员会目前的研究项目有：配电网监控和自动化、智能电网的弹性和相互操作性、电力系统的先进控制方法、控制低惯量电力系统、基础设施仿真、高性能计算（HPC）和建模、硬件在环（HiL）方法。E.ON 公司还致力于创新发展智能测量系统、社区解决方案和气体解决方案。E.ON 公司提供创新的数字增值解决方案。具体来说，当功耗超过 6000kWh 时，所配备的现代测量装置不仅包含通信模块，还带有智能电表网关，这样的测量装置整体被称作智能测量系统。网关自动将消耗数据（根据联邦信息安全局加密）发送给测量点的操作员。智能测量系统每 15 分钟测量并报告抄表，这使得功耗更加透明。

社区解决方案是一种城市和地区的可持续能源解决方案，以实现智能可持续社区。其将供暖、电力和电动交通联系起来，使可再生能源和传统能源发电联系起来。

同时，E.ON 公司致力于沼气、生物天然气的开发。E.ON Bioerdgas 成立于 2007 年，负责大型生物甲烷装置的运营，并为所有沼气、生物天然气市场提供全面的投资组合。

4.2.2 莱茵能源公司

4.2.2.1 公司概况

德国莱茵能源（RWE）公司成立于 1898 年，拥有能源、采矿及原材料、石油化工、环境服务、机械、电信和土木工程 7 个分部。现在，RWE 公司已发展成德国最大的能源供应商和国际先进的基础设施服务商。RWE 公司的构想是追求多元化公用事业，提出了欧洲能源市场的全新服务概念。

RWE 公司是德国四大电力公司之一，在全球范围内拥有超过 2000 万客户，是德国同时经营煤炭与核能基础设施的公司之一。RWE 公司向来把重点放在专业领域，有大约一半员工在能源、化学以及房地产行业工作，另一半员工在鲁尔区从事开采矿石和煤矿工作。

2022 年，RWE 公司总收入达到 131.2 亿欧元，其中能源贸易业务收入达到 101.7 亿欧元，褐煤和核电业务收入达到 12.74 亿欧元，Innogy 公司收入达到 9.51 亿欧元，欧洲电力业务达到 7.25 亿欧元。收入占比详见图 4-8。

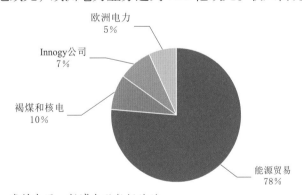

资料来源：彭博金融数据终端。

图 4-8　2022 年 RWE 公司收入占比

4.2.2.2 历史沿革

RWE 公司成立于 1898 年 4 月，1900 年开始为埃森市供电。
自 1905 年以来，当局政府一直是 RWE 公司的股东。

从 1930 年开始，德国第一条全国 220kV 高压输电线路在莱茵兰（今德国莱茵河中游）的火力发电厂和南部的水力发电厂之间实现了第一个高效互联电网系统。

1961 年建造了德国第一座核电站 Kahl，并于 1966 年建造了第二座核电站 Gundremmingen。

1968 年建造一座动力堆，于 1975 年在比布利斯投入运营，成为欧洲最大的核电站。由于 20 世纪 70 年代的能源危机，RWE 公司加强了对可再生能源的研究和测试。

2000 年 10 月 RWE 公司与 VEW AG 的合并加强了核心业务。2003 年年底，之前由 RWE 公司独立运营的所有发电厂和褐煤矿厂合并为新公司 RWE Power AG。该公司很快启动了一项扩建其发电厂的计划，从 2006 年起，建立了尖端的高效能源发电设施。2009 年，本集团在 RWE Innogy 内整合其可再生能源业务，并进行大规模扩建。同年，在收购 Essent BV 后，RWE 公司成为荷兰能源市场的主要参与者。

2013 年 RWE 公司决定将其在德国、荷兰和英国的传统发电业务整合到 RWE Generation SE，从而大幅削减其发电厂产能。随着 2014 年石油和天然气开采业务（RWE Dea）的出售，RWE 公司创造了一些额外的财务空间。

2015 年年底 RWE 公司决定分拆，2016 年秋季成立并上市新的公司 innogy SE，并且将其可再生能源、零售和电网业务合并到 Innogy。现在 RWE 公司正在 Altenessener Strasse 街道的第一个发电厂附近建造 RWE 产业园。从 2020 年开始，产业园将整合 RWE 公司的所有行政职能。

4.2.2.3　组织机构

从 2015 年年底起，RWE 公司被拆分为两个公司，RWE 和 Innogy。RWE 公司直接经营的主要业务分为发电、供电和售电三大板块，同时拥有着 Innogy 77% 的股份。

4.2.2.4　业务情况

1. 经营区域

目前，RWE 公司收入来源主要有四大块，褐煤和核电业务、欧洲电力业务、能源贸易业务以及 Innogy 公司。

（1）褐煤和核电业务。褐煤和核电业务包括德国莱茵兰地区的褐煤生产、德国的褐煤发电和核电。

（2）欧洲电力业务。欧洲电力业务主要是天然气、无烟煤、生物质能发电业务，分布在德国、英国、比荷卢（比利时、荷兰、卢森堡）经济联盟。

（3）能源贸易业务。能源贸易业务部门主要履行交易职能，包括煤、电、油、气、生物质和减排证书的交易，以及能源资产的交易。

（4）Innogy 公司。RWE 公司作为 Innogy 公司的财务投资人，直接拥有该公司 77% 的收入。

2. 经营业绩

在 2022 年总收入中，RWE 公司占比最大的收入来自能源贸易业务，收入达到 131.2 亿欧元；其次是褐煤和核电业务，收入达 12.74 亿欧元；位于第三的是 Innogy 公司的投资收益，收入为 9.51 亿欧元。欧洲电力业务的收入占比最小，为 7.25 亿欧元。详细的收入见图 4-9。

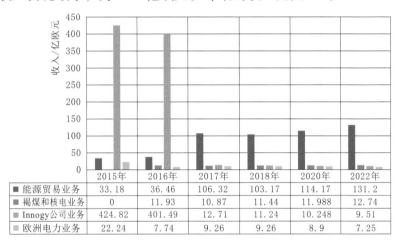

	2015年	2016年	2017年	2018年	2020年	2022年
■ 能源贸易业务	33.18	36.46	106.32	103.17	114.17	131.2
■ 褐煤和核电业务	0	11.93	10.87	11.44	11.988	12.74
▨ Innogy公司业务	424.82	401.49	12.71	11.24	10.248	9.51
□ 欧洲电力业务	22.24	7.74	9.26	9.26	8.9	7.25

资料来源：彭博金融数据终端。

图 4-9　RWE 公司 2015—2022 年各类别收入

RWE 公司 2007—2017 年各类电源发电装机容量见图 4-10，RWE 公司的装机总量基本保持平稳，变幅不大。核电的装机容量逐年减少，水电的装机容量在 2016 年和 2017 年基本为零，可再生能源的装机容量逐年增加。RWE 公司同样面临着可再生能源的转型问题。

从历年发电量来看，总体趋势保持平稳的状态，发电主要由水电、核电、化石燃料和可再生能源构成，并且化石燃料的发电量历年来都是占比最大，从 2016 年开始，水电的发电量为 0。2017 年的总发电量为 202.2TWh，其中化石燃料的发电量占比最大，达到 78%；其次为核电，占比是 15%；

位于第三的是可再生能源，占比为 5%。详细发电量见图 4-11。

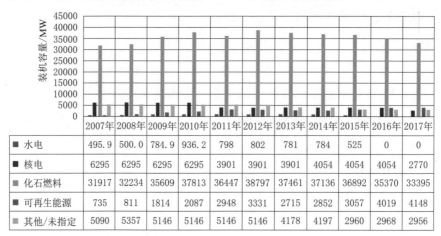

	2007年	2008年	2009年	2010年	2011年	2012年	2013年	2014年	2015年	2016年	2017年
■ 水电	495.9	500.0	784.9	936.2	798	802	781	784	525	0	0
■ 核电	6295	6295	6295	6295	3901	3901	3901	4054	4054	4054	2770
■ 化石燃料	31917	32234	35609	37813	36447	38797	37461	37136	36892	35370	33395
■ 可再生能源	735	811	1814	2087	2948	3331	2715	2852	3057	4019	4148
■ 其他/未指定	5090	5357	5146	5146	5146	5146	4178	4197	2960	2968	2956

资料来源：彭博金融数据终端

图 4-10　RWE 公司 2007—2017 年各类电源发电装机容量

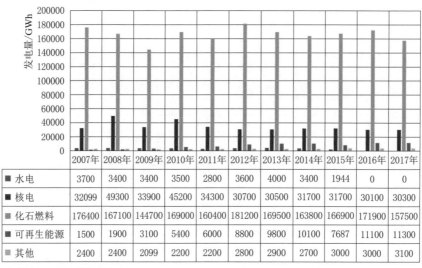

	2007年	2008年	2009年	2010年	2011年	2012年	2013年	2014年	2015年	2016年	2017年
■ 水电	3700	3400	3400	3500	2800	3600	4000	3400	1944	0	0
■ 核电	32099	49300	33900	45200	34300	30700	30500	31700	31700	30100	30300
■ 化石燃料	176400	167100	144700	169000	160400	181200	169500	163800	166900	171900	157500
■ 可再生能源	1500	1900	3100	5400	6000	8800	9800	10100	7687	11100	11300
■ 其他	2400	2400	2099	2200	2200	2800	2900	2700	3000	3000	3100

资料来源：彭博金融数据终端。

图 4-11　RWE 公司 2007—2017 年发电量

4.2.2.5　国际业务

RWE 公司的主要收入来源为能源贸易、褐煤和核电、欧洲电力以及 Innogy 公司的海外业务。

其中褐煤和核电持有从事褐煤生产及褐煤发电的匈牙利公司（Mátrai Erm Zrt）50.9% 股份，持有荷兰核电公司 EPZ 30% 股份，持有德国企业 URANIT（持有铀浓缩企业 Urenco 33% 股份）50% 股份。

欧洲电力主要是天然气、无烟煤、生物质发电业务，除了分布在德国，还有英国、比荷卢经济联盟。

Innogy 公司的可再生能源发电目前集中在德国和英国，在西班牙、荷兰和波兰也有布局，以风电和水电为主。

RWE 公司 2012—2022 年国际业务收入见图 4-12，国际业务收入逐年减少。2022 年总收入为 131.2 亿欧元，国际业务收入达到 92.28 亿欧元，占总收入的 70.3%。其中英国的收入约占总收入的 36%，占国际业务收入的 51%，位于第一。在 RWE 公司的总收入中，绝大部分来自欧盟国家。

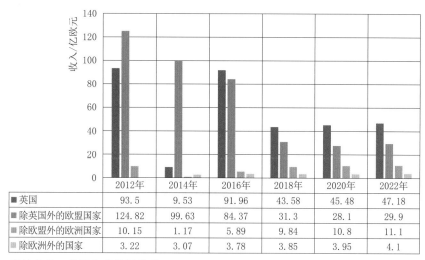

	2012年	2014年	2016年	2018年	2020年	2022年
■英国	93.5	9.53	91.96	43.58	45.48	47.18
■除英国外的欧盟国家	124.82	99.63	84.37	31.3	28.1	29.9
■除欧盟外的欧洲国家	10.15	1.17	5.89	9.84	10.8	11.1
■除欧洲外的国家	3.22	3.07	3.78	3.85	3.95	4.1

资料来源：彭博金融数据终端。

图 4-12　RWE 公司 2012—2022 年国际业务收入

4.2.2.6　科技创新

RWE 公司以高效、环保和智能为主要创新目标。作为德国领先的发电公司和欧洲最大的发电公司之一，巨大的电力供应需求以及节能减排的目标促使 RWE 公司在 CO_2 洗涤、流化床干燥和生物质利用方面进行研发并取得成功。

1. 使用生物质发电

在荷兰发电厂使用生物质。气体形式的颗粒和木材是特别可持续的生物质燃料。测试表明，煤炭可以在很大程度上被生物质所取代。位于荷兰海特勒伊登贝赫（Geertruidenberg）的 Amer 发电厂是 RWE 公司最大的工厂之一，该工厂将生物质作为主要燃料来源。在荷兰的另一个超现代的发电厂——Eemshaven 发电厂利用生物质，在减少 CO_2 排放量的同时能够产生巨大能量。其于 2015 年开始运营，是世界上最环保的发电厂之一，在格罗宁根附近。

2. 先进的电池存储设施

RWE 公司运营有着最先进的电池存储设施。其投资 600 万欧元，存储容量为 7MW，并于 2018 年初开始运营。

3. 大幅度减少 CO_2 排放量

RWE 公司长期致力于提高燃煤发电效率和减少 CO_2 排放量。其在德国 Niederaussem 发电厂已经投入超过 1 亿欧元用于创新科技活动来减少 CO_2 的排放；同时也在研究 CO_2 的收集和储存（CCS 技术）解决方案，CO_2 的洗涤方案可以作为对现有发电厂的改装选项。除了研究 CO_2 洗涤方案和流化床干燥技术，还有生物技术、CCU 项目、CO_2 的化学转化合成技术等。

4.2.3　巴登 - 符腾堡州能源公司

4.2.3.1　公司概况

作为世界 500 强企业，德国巴登 - 符腾堡州能源（EnBW）公司从 100 多年前就已经开始从事电力行业。目前 EnBW 公司是欧洲最大的能源供应商之一，公司雇员数量达到了 2 万人，为 550 万用户提供电力、天然气、水和能源等相关产品。

EnBW 公司立足于传统业务，放眼于德国全境及其中欧和东欧市场，是能源市场上非常具有开拓精神的供应商，十分注重科技研发和创新。实现未来能源多样化、提高能源利用效率，是 EnBW 公司始终不渝的奋斗目标。

EnBW 公司立志于在所有有关能源供应的领域都拥有一席之地，不论是家庭、工业企业还是城市市政。公司希望通过经验和创新实现这个愿景。其正在创造新的增长机会，努力研发新产品，提供可持续供应能源和提高能源效率的解决方案。

未来几年，EnBW 公司将推进可再生能源的发展，在风力发电和水力发电的基础上加以创新，同时确保尖端传统发电厂的能源供应。

此外，EnBW 公司是一家国有控股企业，巴登 - 符腾堡州州政府和州内地方政府共持有 EnBW 公司超过 95% 的股份，其员工享有类似于国家公务员的编制待遇，人员调整或裁员对于 EnBW 公司来说非常困难，公司的重要决策如公司拆分也会受地方政府的巨大影响。相比之下，作为民营企业的另一家巨头 E.ON 公司在这方面就比 EnBW 公司灵活得多。

EnBW 公司 2018 年的总营收约为 206 亿欧元。其中发电和贸易业务的占比最大，营收为 98.562 亿欧元；其次是电力销售业务，营收为 70.614 亿欧元；能源网络营收为 32.154 亿欧元；能源和环境部（可再生能源业务）的营收为 4.775 亿欧元。

4.2.3.2　历史沿革

1921 年开始，国有巴登国家电力供应公司成立，并于 1938 年更名为 Badenwerk AG。1939 年，它与其他符腾堡州协会合并成立了 EVS（Energie-Versorgung Schwaben）并成为其主要股东。此后，直到 1997 年 8 月，由该公司和来自斯图加特的 EVS 合并，并成立了现在的 EnBW 公司。

公司位于巴登 - 符腾堡州的 Argen 和 Iller 水电站开始了德国的电气化时代。后来他们合并组建了上施瓦本电力供应协会（OEW），成为了符腾堡州主要电力供应协会。

2003 年 EnBW 与 Neckar Werke Stuttgart AG（NWS）合并。除了发电和售电，NWS 还将天然气和水等业务以及客户群带入集团（1997 年 NWS 成为市政公用事业的最大股东）。

2010 年年底，巴登 – 符腾堡州州政府从 EnBW 公司中回购了 45% 的股份。

4.2.3.3　组织架构

EnBW 公司的组织架构包括执行委员会（董事会）、监事会和常设委员会。

执行委员会主要由 5 位成员组成，他们共同负责管理集团的事务。除了企业管理和发展，董事会还管辖销售事务，董事会的其他成员还负责财务、人事与法律和技术部门。

监事会是专为提升工作效率与办理复杂的业务而成立的，由 21 位成员组成。

常设委员会是其组织架构中的重要组成部分，在公司的运营和管理中发挥着特定的作用，其职责与功能如下：

（1）战略规划与决策支持。参与公司长期战略的制定和规划，对公司的发展方向、业务布局、市场定位等重大战略问题进行研究和讨论，为执行委员会和监事会提供专业的意见和建议，确保公司战略的科学性和可行性。

（2）监督与审查。负责对公司的各项业务活动进行监督和审查，包括财务状况、经营业绩、风险管理、内部控制等方面。通过定期的会议和报告制度，及时发现问题并提出改进措施，保障公司运营的合规性和稳健性。

（3）协调与沟通。在公司内部不同部门和业务单元之间发挥协调和沟通的桥梁作用，促进信息共享和协同工作，确保公司各项决策和工作能够得到有效执行和落实，提高公司的整体运营效率。

4.2.3.4 业务情况

1. 经营区域

EnBW 公司将业务划分为电力销售业务、能源网络业务、可再生能源业务、发电与贸易业务四大板块。

销售业务负责售电和售气，提供能源解决方案和能效咨询等服务，与当地政府、市政公用设施合作；能源网络业务负责电力和天然气输配网络的建设和运维、高压直流网络的扩张以及供水；可再生能源业务负责可再生能源发电项目的开发、建设和运营；发电与贸易业务负责火电项目的咨询、建设、运营，天然气的勘探开发、生产、存储，电力和天然气的贸易及提供交易系统服务。

2. 业务范围

从图 4-13EnBW 公司近几年的营收趋势情况来看，总营收有所降低，2022 年公司总营收约 2.01 亿欧元。

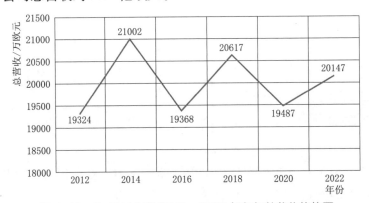

图 4-13　EnBW 公司 2012—2022 年各年总营收趋势图

从图 4-14EnBW 公司近几年的营收情况来看，电力销售业务的营收逐年减少，但发电与贸易业务的营收有逐年增长的趋势，且 2018 年的营收比 2017 年有大幅度的增长，增长率达到 49%。从 2018 年的营收占比来看，发电和贸易业务占比最大，达到 48%；其次是电力销售业务占比，为

34%；能源网络业务占比位于第三，为16%；可再生能源业务的占比最小，为2%。在德国整体能源的转型中，EnBW公司还是位于劣势。

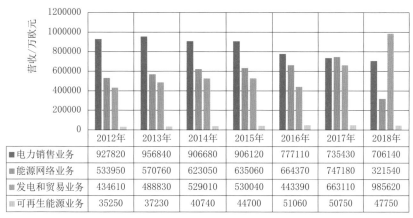

	2012年	2013年	2014年	2015年	2016年	2017年	2018年
■电力销售业务	927820	956840	906680	906120	777110	735430	706140
能源网络业务	533950	570760	623050	635060	664370	747180	321540
发电和贸易业务	434610	488830	529010	530040	443390	663110	985620
可再生能源业务	35250	37230	40740	44700	51060	50750	47750

图 4-14　EnBW 公司 2012—2018 年营收情况

4.2.3.5　国际业务

EnBW 公司近年来海外收入情况见图 4-15。

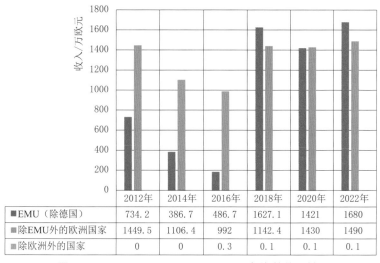

	2012年	2014年	2016年	2018年	2020年	2022年
■EMU（除德国）	734.2	386.7	486.7	1627.1	1421	1680
除EMU外的欧洲国家	1449.5	1106.4	992	1142.4	1430	1490
除欧洲外的国家	0	0	0.3	0.1	0.1	0.1

图 4-15　EnBW 公司 2012—2022 年海外收入情况

从 EnBW 公司近几年海外收入情况可知，EnBW 公司 80% 以上的业务集中在德国，在欧洲其他国家以及除欧洲外的国家占比非常小。不过2018 年国际业务相对于前几年略增。2022 年 EnBW 公司国际业务的总营收为 3170 万欧元，占总营收的 15%。其中欧洲经济与货币联盟（EMU）（除德国）占 8%，欧洲其他地区占 7%。

4.2.3.6　科技创新

EnBW 公司的研发创新领域集中在家庭联网、出行联网、虚拟电厂和城市基础设施联网。创新活动的具体途径分为两类：①支持集团内部创业，初创公司进入市场后，提供管理、销售等方面的专家支持帮助其成长；②通过下属的 EnBW New Ventu 零售电力供应商 GmbH 投资集团外的初创公司，用总额 1 亿欧元的资金投资 20 个初创公司，分别控制 10%～30% 的股权。

4.2.4 大瀑布公司

4.2.4.1 公司概况

作为德国唯一一家瑞典国有公司，大瀑布（Vattenfall）公司在接管柏林的能源公司和原东德地区的电力公司之后，成为德国四大电力公司之一，也是四大售电公司之一。由于该公司在德国 80% 的发电量来自高污染的褐煤，其也成为了德国激进的能源转型政策的牺牲品。由于煤炭资产利润的严重受损，Vattenfall 公司近年来发生了两个比较重要的改变：一是发电业务板块向低碳转移，逐渐出售褐煤电站；二是从售电向能源服务转型。2012 年，德国建立了比较健全的电力市场规则。2011—2012 年，Vattenfall 公司的煤炭、电力、天然气等交易都进入了电力市场，并且以小时、日、10 天为单位的市场需求确定一次能源的消费需求。

4.2.4.2 历史沿革

Vattenfall 公司成立于 1909 年，1951 年 Harsprånget 水电站与电网相连，使整个瑞典的电网互联。

20 世纪 70 年代和 80 年代，瑞典各地建造了 12 座核反应堆，其中 7 座属于 Vattenfall 公司。1996 年起，Vattenfall 公司开始扩张国际业务，收购芬兰电力公司，汉堡的电力业务也开始正式营业，并且通过合资公司 VASA Energy 开始在德国开展业务。2006 年 1 月 1 日，德国品牌 HEW 和 Bewag 以及波兰品牌 EW 和 GZE 被 Vattenfall 品牌所取代。同年 7 月 1 日，丹麦公司 DONG 收购一些丹麦风电和热电联产电厂。Vattenfall 公司在 Schwarze Pumpe 建造了一个采用 CCS 技术的试验工厂。

2007 年，拥有 48 台风电机组的风电场投入运营，于当年年底开始供电。次年 Vattenfall 公司决定未来将提供清洁电力，并于同年开始收购英国的一些风电场。2009 年又收购了荷兰能源公司 NV Nuon Energy，开始与汽车制造商合作开发电动插混汽车。2011 年，基于德国联邦议院的决定，其在德国的 17 个核电站必须在 2022 年前关闭，Vattenfall 公司不得不接受账面出现的损失以及一些撤资，造成了波兰、比利时和部分荷兰的分部被剥离。

2012 年，Vattenfall 公司的企业组织发生变更，成立了两个新的业务部门，分别为核电业务部和可持续能源业务部；之后，Vattenfall 公司致力于发展可再生能源项目。2017 年，Vattenfall 公司宣布了一系列创新合作项目，以减少 30%CO_2 排放量为目标，从而减少对环境的影响。如今，Vattenfall 公司是欧洲最大的发电厂之一。

4.2.4.3　组织架构

Vattenfall 公司主要是由四个业务部门组成的五个领域：其中有热能业务领域的经营分部；客户解决方案业务领域的经营分部；风能业务领域的经营分部；发电业务领域以及售电业务领域的经营分部。Vattenfall 公司在配电系统的运营上，与其他业务分开。详细组织架构见图 4-16。

图 4-16　Vattenfall 公司组织架构

4.2.4.4　业务情况

Vattenfall 公司拥有从生产到分销的所有能源价值链的运营部门。在 2018 年的总营收为 156.824 亿美元，其主要收入分为五大类：客户解决方案、发电、配电和售电、热能和风能。客户解决方案的营收为 78.883 亿美元，占比最大，约为 51%；其次是发电业务的营收，占比为 23%，营收为 36.064 亿美元；配电和售电位于第三，营收为 17.845 亿美元；热能营收为 15.828 亿美元，位于第四；风能营收为 8 亿美元。公司 2020 年各业务合并，其中热能和风能业务合并至发电业务，2022 年公司总营收为 15.83 亿美元，其中客户解决方案 8.23 亿美元、发电 5.89 亿美元、配电和售电 1.69 亿美元。Vattenfall 公司的核心市场在德国、荷兰和北欧国家。

从图 4-17 Vattenfall 公司历年营收来看，客户解决方案的营收占了很大的比例，发电的营收历年降低，很大的原因是 Vattenfall 公司处于转型阶段，很多褐煤发电厂相继退役。

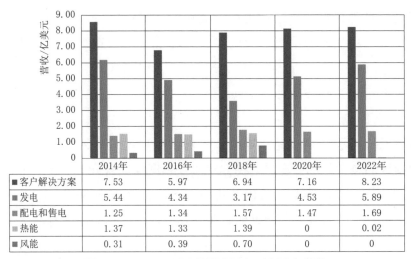

	2014年	2016年	2018年	2020年	2022年
客户解决方案	7.53	5.97	6.94	7.16	8.23
发电	5.44	4.34	3.17	4.53	5.89
配电和售电	1.25	1.34	1.57	1.47	1.69
热能	1.37	1.33	1.39	0	0.02
风能	0.31	0.39	0.70	0	0

图 4-17　Vattenfall 公司 2014—2022 年营收

4.2.4.5　国际业务

Vattenfall 公司的主要业务包括热能和电能的生产、分配和销售以及能源交易。核心市场在德国、荷兰和瑞典等北欧国家。从图 4-18 公司在不同国家的历年总营收来看，从 2015 年开始有明显的降低，其主要原因是整个公司的转型，减少或者基本没有使用褐煤，并向可再生能源方向发展。在 2022 年总营收中，德国占比最大，为 48%；其次是瑞典，占 30%；荷兰总营收位于第三，占比为 17%。其他北欧国家占比最小，为 5%。

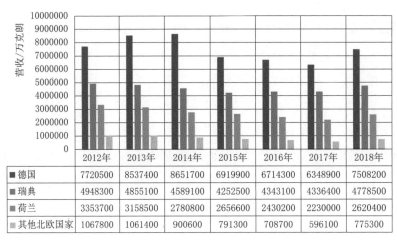

	2012年	2013年	2014年	2015年	2016年	2017年	2018年
德国	7720500	8537400	8651700	6919900	6714300	6348900	7508200
瑞典	4948300	4855100	4589100	4252500	4343100	4336400	4778500
荷兰	3353700	3158500	2780800	2656600	2430200	2230000	2620400
其他北欧国家	1067800	1061400	900600	791300	708700	596100	775300

图 4-18　Vattenfall 公司 2012—2018 年在不同国家的营收

4.2.4.6 科技创新

近年来，Vattenfall 公司已经将研发重点从发电转移到以客户为中心的领域，包括数字化、客户分散式解决方案、电动出行以及新的电力使用形式。

1. 水电项目

Vattenfall 公司在许多不同领域开展工作，以提高其水电厂的效率并减少其对环境的影响。数字化是前沿领域之一。

为了提高水电厂的效率并为未来做好更充分的准备，该公司研究和开发优化工厂运营和维护的新技术。

现代水电厂和水坝中使用的传感器以及先进数据分析软件的开发为获得大坝或设施及其组件的状况提供了新的机会。通过这种方式，他们可以优化维护以及避免将来可能出现更大问题。

2. 提供气候友好型电网服务

数字化为公司提供了丰富的数据，Vattenfall 公司正在寻找方法来利用这些数据来创造更大的价值。通过使用分析数据，公司可以为客户提供更加环保的服务，同时简化网络监控系统并提高网络灵活性。

3. 服务终端用户

智能电表最初用于自动计费。Vattenfall 公司开发的智能电表使客户的能源消耗可见，以便检测不规则性并找出节约能源的方法。这样的应用程序已经开发出来，目前正在一个拥有超过 2000 个 Vattenfall 公司客户的试点项目中进行测试。

4. 系统应用和优势

Vattenfall 公司利用安装在电网中的智能电表、传感器和交换机的信息构建数字化、可视化电网，从而更加精确地自动定位故障，加快电网恢复速度并缩短停机时间。

在某些地区，电压水平和电网质量也可以远程测量，这对于规划电网加固以及规划新建筑或开发新的城市区域非常重要，并且可以节省大量成本。

5. 减少水泥生产中 CO_2 的排放量

在生产水泥的过程中，60% 的 CO_2 排放量来自石灰石的加热，40% 的 CO_2 排放量来自燃烧。Vattenfall 公司与 CementaAB 公司合作开展在水泥生产加热的过程中通电来消除产生的 CO_2 排放量的研发项目。此外，还与 LKAB/SSAB 和 Preem 合作开展另外两个消除化石燃料和减少温室气体排放的项目。

4.2.5　50 赫兹公司

4.2.5.1　公司概况

50 赫兹（50Hertz）公司在德国北部和东部运营输电网，为大约 1800 万人提供电力。50Hertz 公司超高压电网的线路长度约为 10200km，相当于从柏林到里约热内卢的距离。50Hertz 公司通过高效维护来运营线路、电缆和变电站，扩展其电网以满足需求并确保能源消费者和发电机之间的电力平衡。50Hertz 公司是可再生能源安全整合的领导者，其电网领域年平均消耗量的一半以上来自可再生能源，并且在不断增长。10 个地区约 1100 名员工确保柏林市、勃兰登堡州、汉堡市、梅克伦堡－西波美拉尼亚州、萨克森州、萨克森－安哈特州和图林根州的电力全天候流动。

4.2.5.2　历史沿革

50Hertz 公司的前身是 Vattenfall 欧洲传输公司。2010 年 3 月 12 日，Elia 集团和行业基金管理公司从 Vattenfall 公司收购了 50Hertz 公司。该协议于 2010 年 5 月 10 日获得欧盟委员会的批准。

2018 年 3 月 23 日，Elia 集团宣布决定行使优先购买权并将其在 50Hertz 控股公司 Eurogrid 的股份从 60% 增加至 80%，交易价格为 9.765 亿欧元。同年晚些时候，Elia 集团宣布与 IFM 和德国国有银行（Kreditanstalt für Wiederaufbau，KfW）就 Eurogrid 20% 的股权进行交易。随着这些交易的结束，KfW 代表德国联邦政府取代 IFM 作为 Eurogrid 的股东。

4.2.5.3　组织架构

50Hertz 公司的股东结构如下：Elia 集团持有 80% 的股份，德国国有银行 KfW 持有 20%。Elia 集团与 KfW 是通过欧洲国际电网投资公司（Eurogrid Interntional CVBA/SCRL）和欧洲电网公司（Eurogrid GmbH）来对 50Hertz 公司进行持股的。作为欧洲输电系统运营商，50Hertz 公司是 Elia 集团的一部分，也是欧洲输电运营商联盟（ENTSO-E）的成员。

Elia 集团是一家在比利时注册公共有限公司。Elia 集团的核心业务是超高压电网（380kV、220kV 和 150kV）和高压电网（70kV、36kV 和 30kV）的运行、维护和开发，以保持从比利时和其他欧洲国家的电力生产商到配电系统运营商和大型工业客户的可靠稳定的电力。Elia 集团是整个比利时超高压电网的所有者，并且还运营着 94% 的比利时高压电网。

KfW 是全球领先的银行之一。凭借数十年的经验，KfW 致力于代表德国联邦政府和联邦各州改善全球的经济、社会和生态环境。仅在2017 年，KfW 就提供了 765 亿欧元，其中 43% 用于保护环境和应对气候变化的措施。

4.2.5.4 业务情况

1. 经营区域

50Hertz 公司主要业务范围在柏林市、勃兰登堡州、汉堡市、梅克伦堡-西波美拉尼亚州、石勒苏益格-荷尔斯泰因州、萨克森州、萨克森-安哈尔特州和图林根州，共服务超过 1800 万人口。

2. 业务范围

作为输电系统运营商，50Hertz 公司最大的输电电压为 150kV、220kV 和 380kV。电网的长度约为 10200km——约为从柏林到里约热内卢的距离。共有 70 多个变电站和开关站，与配电网络运营商交换电力，使得大型发电厂、泵储存设施和高能耗的工业厂房（如钢铁生产）都可以直接连接到超高压电网。

50Hertz 公司正计划与 Tennet 合作开发高压直流（HVDC）电力线路。电网连接点是马格德堡（萨克森-安哈尔特州）附近的沃尔默施泰特和兰茨胡特（巴伐利亚州）附近的伊萨尔地区，换流站将交流电（AC）转换为直流电（DC），反之亦然。此外，公司建设和运营海上变电站，将波罗的海的海上风电场与电网连接起来，并与风电场运营商合作，风电场运营商将风电转换为更高的电压等级，用于陆上传输，同时保证功率损耗最小，电力通过海底电缆传输到陆上变电站。

4.2.5.5 国际业务

50Hertz 公司不仅运营德国输电网的一部分，而且还与丹麦、波兰和捷克的超高压电网直接相连。公司还计划通过高压直流输电线路 HansaPower Bridge 与瑞典连接。

长期以来，50Hertz 公司一直本着诚信精神与邻近的电网运营商和市场参与者合作。公司与他们合作开发能源市场产品，促进电网和能源系统的有效使用。公司也迎接了新的挑战：公司电网风能的增加使得波兰和捷克的互联线上的负荷越来越大。这促进了电力循环流动，来自德国北部的电力通过波兰和捷克寻求通往德国巴伐利亚州和奥地利的通道。公司同意波兰的输电系统运营商 PSE 和捷克的输电系统运营商 CEPS 更好地控制这些跨境潮流，同时在这些邻近控制区的耦合点上安装了移相变压器（PST）。这使得公司能够有效地控制潮流，尽可能充分地利用输电潜力，并显著改善欧洲的自由电力交易。

50Hertz 公司致力于发展欧洲内部能源市场，并在众多计划、合作和项目中实现这一目标。公司还拥有莱比锡欧洲能源交易所（EEX）的股份。

4.2.5.6　科技创新

50Hertz 公司目前致力于将智能设备中使用的技术（如物联网、人工智能和云计算）与可再生能源相结合，以应对当前和未来快速变化的能源格局所面临的挑战。公司目前致力于数字孪生（Digital Twin）、连接、计算、存储、机器人与自动化等研究领域。

数字孪生主要关注建筑信息模型（BIM）和将 3D 模型与实际数据相结合。其中建筑信息模型（BIM）是设施的物理和功能特征的数学表示。BIM 是一种共享知识资源，用于获取有关在其生命周期内为决策提供可靠依据的设施的信息。BIM 已成为建筑行业的标准，可以在工程、采购和施工交付方面进行重大改进，并减少资本支出。将 3D 模型与现场收集的真实数据相结合，可以创建资产的"数字孪生"。模拟数据与现场实际数据的比较提升了寿命预测和操作优化技术。

连接主要关注物联网，及无所不在的连通性和 IEC61850 标准。其中，物联网是物理"事物"的互联网，如设备、车辆、建筑物以及嵌入有电子设备、软件、传感器、执行器和网络连接的其他"事物"，使这些"事物"能够收集和交换数据。物联网允许跨现有网络基础设施远程感知或控制对象，将物理世界集成到基于计算机的系统中。当物联网增加传感器和执行器时，它支持智能电网、虚拟发电厂、智能家居、智能交通和智能城市等创新。IEC61850 标准是指用于变电站自动化的多种协议，其包括具有定制通信链路的许多专有协议。来自不同供应商的设备实现通用操作对于变电站自动化设备的用户是有利的。

计算主要是指人工智能、高级分析和传感器以及大数据方面的技术。

存储主要是指电池和电动汽车方面的技术。

机器人与自动化主要关注的领域是无人驾驶的航空器、无人汽车和过程自动化机器人。

4.3 碳减排目标发展概况

4.3.1 碳减排目标

2021 年 5 月 12 日，德国《联邦气候保护法》得到修订和加强。根据该法律最新修订，排放目标将更为严格，提出于 2045 年实现碳中和的"两步走"路线图。一是到 2030 年，德国应实现温室气体排放总量较 1990 年水平减少 65%，高于 2019 年设定的 55% 的目标；二是德国需在 2045 年实现碳中和，即温室气体净零排放，比 2019 年的计划提前 5 年。

4.3.2 碳减排政策

德国联邦政府在 2008—2016 年间先后制定及发布了《适应气候变化战略》《适应行动计划》《气候保护规划 2050》一系列国家长期减排战略、规划和行动计划，以此框定目标、取得共识。2017—2020 年间陆续通过了《可再生能源法》《联邦气候保护法》和《国家氢能战略》等一系列法律法规增强约束力，进而再落实具体行动计划。2019 年通过了《气候行动计划 2030》，对每个产业部门的具体行动措施做了明确的规定。

明确重点减排部门并进行指标分解。作为落实德国《联邦气候保护法》的重要行动措施和实施路径，《气候保护计划 2030》将减排目标在建筑和住房、运输、农业、林业、能源、工业以及其他领域六大部门进行了目标分解，明确了各个产业部门在 2020—2030 年间的刚性年度减排目标，规定了部门减排措施、减排目标调整、减排效果定期评估的法律机制。近年来德国出台的主要政策见表 4-1。

表 4-1　　　　　　　　　近年来德国出台的主要政策

年份	政　　策	年份	政　　策
2016	《进一步发展电力市场法》	2019	《气候行动计划 2030》《联邦气候保护法》
2017	《可再生能源法》	2020	《国家氢能战略》
2018	《气候保护规划 2050》		

4.3.3 碳减排目标对电力系统的影响

4.3.3.1 碳减排目标对电网侧的影响

德国电力系统以市场化手段配置调峰、调频资源，兼顾新能源消纳的同时保证电网稳定。

2020 年德国风、光发电量占比提升至 51%，高波动性的可再生能源已经成为德国发电侧基荷和腰荷的主要出力。为实现消纳新能源出力的同时保证电网运行稳定性，德国建设了：①电力现货和衍生品交易市场（电能量市场），以匹配电能量供求关系，并兼顾调峰；②电力辅助服务市场，通过交易调频、备用、黑启动等辅助服务资源，保障电网安稳运行。在这样的市场化调节手段之下，宽负荷火电的调峰、调频成本以及大型电化学储能的运行成本可以通过使用者付费的方式实现消化，实现了兼顾新能源消纳的同时保证电网稳定的目标。

4.3.3.2 碳减排目标对电源侧的影响

在德国，2000 年可再生能源在德国电力供应总量中所占比重约为 6%，然后在 2010 年增加到近 20%，2020 年达到 45%，但由于风力条件导致风力发电量减少，2021 年下降到约 40%。然而，由于俄乌冲突，2022 年新的《可再生能源法》的目标是在 2030 年提供 80% 以上的可再生能源电力，到 2035 年提供 100% 的可再生能源电力，以摆脱对俄罗斯天然气的依赖。可再生能源在德国电力供应总量中所占比重从 2000 年的 6% 增加到 2021 年的 41%，增长了 7 倍。与此同时，核电的比重从 29% 下降到 12%，到 2022 年稳步下降，届时该国将实现无核。包括褐煤在内的煤炭在 2000 年占 50%，2020 年降至 23.4%，主要原因是欧盟碳排放交易体系（EU ETS）中的碳价格上涨，但由于风力发电量下降和天然气价格飙升，2021 年又上升至 28%。这与风能和太阳能组合 28.8% 的份额相同。

4.3.3.3 碳减排目标对用户侧的影响

德国光伏新增装机以分布式为主，户用光伏装机占比呈上升趋势。

德国储能装机：用电侧储能占比持续提升，结构特征显著。储能技术进步以及规模化带来的投资成本下降，叠加逐年上涨的高昂电费，推动了德国用户侧储能市场的蓬勃发展。据 *Energie Consulting* 统计，到 2020 年年底，近 70% 的德国户用光伏发电项目都附带电池储能系统，户用储能装机已超 30 万个，单户规模约为 8.5kWh。

储能系统配置：随着用户侧储能占比提升，德国电化学储能装机功率与容量的配比趋向 1kW/2kWh。综合近年光伏和储能系统新增装机数据，德国户用光伏装机倾向于配置 10%、2h 储能，和当前我国政策中对集中式光伏发电项目所要求的配比相似。

以户用屋顶光伏 $200W/m^2$，每户 $100m^2$ 的屋顶面积测算，单户光伏系统装机规模约 20kW。户用储能平均 8.5kWh，和非光伏发电时段的单户用电量基本匹配，户用储能系统占用空间较小，用户接受度高。户用储能装机和光伏装机无必然联系。

4.3.3.4 碳减排目标对电力交易的影响

德国完善电能量以及辅助服务市场机制，提升电力系统灵活性。电力市场根据交易标的可以分为电力现货及衍生品交易市场（也称电能量市场）以及电力辅助服务市场。电力现货交易市场负责匹配电能量供求关系，优化发用电资源配置，同时兼顾调峰。电力辅助服务市场通过交易调频、备用、黑启动等辅助服务资源，保障电力系统瞬时平衡、电网安全稳定运行。德国通过电力现货交易市场与电力辅助服务市场并行的方式，引导电源侧、用户侧以及电网侧共同参与电力系统运行，提升电力系统灵活调整负荷的能力。因此德国的电力系统灵活调节能力领先于欧洲其他国家。

德国电力系统的市场化程度已经达到较高水平。电力现货交易市场方面，根据德国能源署（DENA）数据，2018 年德国近一半电力传输通过市场交易达成，其中可再生能源交易量达到 150TWh，占可再生能源发电总量的 2/3。电力辅助服务市场方面，输电系统运营商为辅助服务购买方，通过辅助服务市场平台进行招标，并将成本转嫁至终端用户。根据DENA，2019 年德国辅助服务总成本达到 20.43 亿欧元。

4.3.4 碳减排相关项目推进落地情况

（1）支持绿色复苏，经济复苏与气候保护协同推进。2020 年 6 月德国联邦政府出台的总价值为 1300 亿欧元的经济复苏计划中，有 500 亿欧元聚焦于气候变化的应对举措，包括电动交通、氢能、铁路交通和建筑等领域。该绿色复苏计划实质是对德国 2045 年碳中和目标导向下经济绿色低碳转型行动框架的延续、优化和加速推进。

2021 年 5 月，为加快气候目标的实现，德国联邦政府出台《2022 年气候保护一揽子行动计划》，联邦政府将在 2022 年的联邦财政预算中为此拨款 80 亿欧元。这笔资金主要用于能源、工业、建筑和住房、交通运输四大领域，是对《气候保护计划 2030》的补充和延续。其中建筑和住房领域拨款 55 亿欧元，交通运输领域拨款 10.6 亿欧元，工业领域 8.6 亿欧元，能源领域 5.8 亿欧元。

（2）补贴与税收相结合，降低交通运输行业温室气体排放。财政补贴与税收政策是被各国广泛用来鼓励能源有效利用的政策工具。在交通运输行业，德国政府通过财政补贴与税收政策相结合的激励约束机制，鼓励居民使用电动汽车、自行车和铁路出行，鼓励发展替代燃料技术。从2019年11月起对购买电动汽车的消费者给予最高6000欧元的补贴，到2030年政府补贴建设100万个充电站，从2021年起以每年10亿欧元的投入加快地区公交电动化的更替，以及到2030年投入860亿欧元对全国铁路网电气化和智能化改造升级。此外，利用税收对居民消费的影响效应，引导居民绿色消费。对特定能源征收能源税是德国绿色税收制度改革方案的一部分。德国联邦政府对2021年以后新购买的燃油车征收基于公里碳排放的汽车税；自2020年1月起，德国联邦政府为鼓励居民乘坐长途火车出行而不是乘坐飞机，将长途火车票价的增值税从19%永久性地降低到7%，相比之下，却调高了欧洲境内航班的增值税。

（3）推动能源转型，财政助力可再生能源开发推广。德国国内能源匮乏，优化能源结构和能源领域减排是德国实现碳中和的关键。近十年来，德国一直推行以可再生能源为主导的"能源转型"战略，把可再生能源和能效作为战略的两大支柱。"能源转型"战略共包括四方面目标：首先，以效率优先为原则，减少所有终端用能部门的能耗。其次，尽可能使用可再生能源。再次，通过可再生能源发电来满足剩余的能源需求。联邦政府于2020年投入70亿欧元出台《国家氢能战略》，发展气候友好型经济；并通过设立产业基金的方式，鼓励工业企业开发气候保护的创新技术，支持绿色氢能扩大市场。最后，通过《退煤法》设计退煤路线图，2022年关闭1/4的煤电厂，2038年全面退出燃煤发电。为此，2020年1月，德国联邦政府与州政府就淘汰燃煤的条件谈判达成共识，将斥资400亿欧元补贴淘汰燃煤地区因能源转型造成的损失。补贴具体包括给电厂运营商支付一定经济补偿，实现能源基础设施和电力系统的现代化；同时，为煤矿工人和电厂职工等提供再培训和就业重新安置，确保以社会可接受的方式实施公平转型。

（4）发挥绿色金融杠杆作用，加大对保障性住房的节能改造补贴。德国在建筑和住房领域增加对保障性住房的补贴，主要用于新建节能环保型住房或者对现有保障性住房的节能改造。德国于2020年11月1日生效的《建筑物能源法》明确用基于可再生能源有效运行的新供暖系统代替旧供暖系统。此外，国家政策性银行——德国复兴信贷银行发挥了绿色金融杠杆效应和示范作用，通过设立联邦节能建筑基金长期为节能建筑和节能改造提供低利率信贷优惠支持政策。从贷款总额来衡量，德国复兴信贷银行计划项目是德国规模最大的建筑领域资助计划，资助范围包括建筑保温工程、供暖系统更新、可再生能源利用及德国复兴信贷银行所属的节能住宅项目的修建等。这些项目都必须严格遵守德国《建筑物能源法》中规定的最低标准。对于环保节能绩效好的项目，可以给予持续 10 年、贷款利率不到 1% 的优惠信贷政策，利率差额由联邦政府予以贴息补贴。

（5）增加气候保护研发资金投入，支持工业部门节能降耗技术升级改造。为促进气候保护，德国加大对能源技术领域的投资力度，联邦政府投入 100 亿欧元用于气候保护研发资助。同时，德国政府鼓励工业企业开发气候保护的创新技术，采用环保的生产技术降低能源和资源消耗。例如，2020 年德国联邦政府出台《高技术气候保护战略》、投入 70 亿欧元的《国家氢能战略》，通过技术创新打造德国在世界范围内有竞争力的可持续发展。此外，在诸如碳捕集使用与封存技术、移动和固定式储能系统电池技术、材料节约型和资源节约型循环经济技术等领域，德国联邦政府通过设立数十亿欧元产业基金的方式，进一步拉动工业部门投入研发资金。

4.4 储能技术发展概况

居民在自家屋顶安装独立式光伏发电系统既可满足自身用电需求，又可平价上网，加上对于屋顶分布式光伏和储能配套均有补贴，使用成本低于网上购电，因此家庭分布式光伏已经具有经济性，具备了大面积推广的条件。

电网调峰是拉动储能需求的另一动力。德国可再生能源使用比例较高，最近，可再生能源在德国电力负荷中所占的比重刷新了以往 74% 的纪录，再创新高。如此高的比例会导致电力供应出现较大的波动。因此，对储能发展有切实的需要。

不过，目前德国解决电力供应不均衡问题的主要手段是与邻国法国、丹麦等国家实现电力输送。法国的核电比例较高，丹麦的风电资源更为丰富，核电的发电效率受自然条件非常小，而风电的发电高峰时间在晚上，这在一定程度上形成了电力互补的格局。德国在白天日照充分时间向邻国输电，而到了晚间至次日凌晨，则由法国、丹麦等国向德国输电。

储能商业模式方面，当前德国储能（特别是电池储能）的应用领域包括多种服务，但是重点集中在向电网提供辅助服务以及增加太阳能光伏的自发自用（特别是与电动交通领域的部门合作）。这些领域中存在大量活跃的参与者，包括电池储能系统供应商。此外，在德国市场上，公用事业公司、汽车制造商以及能源密集型产业表现活跃。他们将大型电池储能系统、回收电池以及电动汽车备用电池作为手段，以此在能源市场中发挥控制作用并作为备用资源。

4.5 电力市场概况

4.5.1 电力市场运营模式

4.5.1.1 市场构成

1. 输电市场

德国的输电网由四家输电公司经营，是一个监管严格的寡头垄断市场。德国原是发输一体的电力格局，后来按照欧盟的统一要求进行改革，将输电业务从资产及管理上予以独立。

目前德国主要有 Amprion、TransnetBW、Tennet、50Hertz 四个输电运营商。除 Amprion 的输电业务相对独立外，其余三家公司的输电业务分别出售给了法国、荷兰、比利时经营。① Amprion 其前身是从 EnBW 公司分离出来的输电业务公司 EnBW TSO；② TransnetBW 曾经卖给法国，后来 EnBW 从法国电力公司购回了输电经营权；③ Tennet 是一家主要服务于荷兰与德国的欧洲输电运营商，它是由荷兰 TSO 公司并购德国 E.ON 公司的输电业务（Transpower TSO），目前为 4100 万个用户提供服务；④ 50Hertz 公司是由 Vattenfall 公司的输电业务公司 Vattenfall TSO 并购比利时 Elia 集团和澳洲 EFM 公司形成的。

同时，德国配电网络的产权分散，是一个竞争充分的市场。目前，德国有 800 多家公共或私营的配电网络经营公司，运营 176 万 km 的配电网。德国的配电网多为低压网，低压网约占 65.6%，中压网约占 28.9%。根据欧盟 2003 年颁发的新电力市场开放条例，欧盟各国配电公司（用户大于 10 万户）在法律形式和组织结构上独立，也就是发、输、配从法律上独立。

德国法律规定发、输、配各环节必须完全分开、成本透明、独立核算，并成立独立的公司。

2. 发电市场

德国发电市场是"4+*n*"构造，典型的垄断竞争市场。RWE 公司、E.ON 公司、EnBW 公司和 Vattenfall 公司是德国最大的四家发电公司，其余 3500MW 有 1 家，1000～2000MW 有 5 家，100～1000MW 有 21 家。从装机容量来看，RWE 公司规模最大，装机容量为 30500MW；其次是 E.ON 公司，为 11700MW，然后是 EnBW 公司，为 15800MW，Vattenfall 公司，为 12200MW，分列第三、第四位。2014 年，德国 100MW 以上的发电公司有 31 家，10MW 以上的发电公司总装机容量为 103900MW，较 2010 年下降 6000MW。

德国发电市场集中度较高，四大发电公司的市场占有率比较高。从发电量来看，四大发电公司市场占有率从 2010 年的 84% 下降到 2013 年 74%；从装机容量来看，四大发电公司从 77% 下降到 68%。电力行业集中度下降的原因是德国零核政策。在日本 2011 年福岛核事故后，德国政府全面重新审视核能机组安全问题，于 2011 年 5 月底马上关闭 17 座核能电厂中的 8 座老旧核能机组（8821MW），其余的核能电厂已于 2022 年前关闭。大的发电公司受此政策影响较大。

3. 售电市场

德国的售电市场竞争有效，售电公司不属于输配电公司，完全对社会放开；并且德国各地的电力供应商数量很多。德国售电市场概况见表 4-2。

表 4-2　　　　　　　　　　德国售电市场概况

参　数		输电系统运营商服务	配电系统运营商服务	总计
网络运营商数量		4	804	808
电网线路长度 /km	合计	34855	1763083	1797938
	超高压	34631	348	34979
	高压	224	96084	96308
	中压	0	509866	509866
	低压	0	1156785	1156785
终端客户数（计量户）	合计	664	49934777	49935441
	工商用户	无统计	3829740	3829740
	家庭用户	无统计	46105037	46105037

数据表明，大部分地区的供应商为 50～120 个，一部分地区的电力供应商为 120～200 个之间，个别地区的电力供应商在 200 个以上。电力用户可自主选择供应商，并且德国售电市场不存在具有主导地位的售电公司。四家最大售电公司销售电量约占全部售电量的 34%，即 CR4 为 34%，市场集中度比较低。例如，竞争使得 Vattenfall 公司的用电户转向选择其他电力公司买电，这一比例高达 30%～40%。

德国拥有着高度发达并完善的电力批发市场。在德国，无论是短期的现货电力市场还是远期的期货电力市场都是高流动性和竞争充分的。一部分电力交易是在欧洲电力现货市场 EPEX 和欧洲能源交易所（European Energy Exchange, EEX）期货市场进行的。电力交易起初由法兰克福（Frankfort）与莱比锡（Leipzig Power Exchange GmbH, LPX）电力交易所负责，目前这两家德国电力交易所合并为 EEX。大多数的电力交易是在场外进行的。同时，除去庞大的电力批发市场，德国的电力零售市场上的消费者分为两大类：工商业用电户和居民用电户。

根据德国政府制定的法律，德国并未要求配售分离，而是发电、输电、配电各环节分离。目前，德国既存在不拥有配电网络的售电公司，也存在同时从事配、售电业务的供电公司。发、输、配虽然从法律上独立，但大的电力集团通过其子公司（分公司）仍然涵盖了各环节的多数业务。

4.5.1.2 结算模式

德国的电价结算模式分为无限期合约与有限期合约两种。其中，无限期合约包含基本费与电费两项内容。有限期合约分为 2 年、3 年不等。签约方须在合约期间每年购入 1800kWh、2800kWh、3800kWh 等不同电量进行支付，相较于无限期合约每度电的费用会更加便宜。通常便宜 2～3 欧分 kWh。

4.5.1.3 价格机制

1. 德国电力市场化改革后的电价变化特点与现有情况

电价改革主要包括两部分内容。

（1）输配电价改革，降价提效。改革伊始，政府就将输配电价格从原有的水平降低了 20%，迫使输配电公司努力下降成本，政府还希望每年以 5% 速度持续下降，使客户受益。

（2）细分电价。德国电价由 12 项税费形成，包括净网络费、计费开票费用、抄表费用、电表运转费用、特许费、《可再生能源法》捐助、《汽电共生法》捐助、《电网使用条例》捐助、电力税、增加值税、电能采购、供应（包括备用容量）。通过这12项成本可以较为准确地判断电价的合理与否。

2. 德国电价的组成

根据2018年的统计数据，德国的电价组成为：供应商成本（22.8%）、电网费用（24.4%）、可再生能源附加费（21.2%）、销售（增值）税（16%）、电费（7%）、特许权税（5.6%）、离岸责任税（1.4%）、热电联产附加费（0.9%）与电网费行业回扣税（0.7%）。

3. 德国电价的分类

作为电力大国，德国有三种针对不同用户的电力价格，分别为批发电价、居民用户电价（即零售电价）与工商用户电价。

（1）居民用户电价。德国居民用电户分为四类，分别是：默认供电（Default Supply）用户（配电公司辖区标准用户）、非默认供电—变更契约用户、非预设供电—变更供货商用户与使用绿色能源的用户。不同用户的电价是有差异的。2018年的电价形成与2011年有较大的不同，最为明显的变化是电网使用费和可再生能源附加费。电网使用费在电价中的比重明显下降。换句话说，通过电力市场化改革，德国在打破电网垄断方面取得了较好的改革效果，由电网自然垄断带来的高电网使用费的现象得以遏制。可再生能源附加费上涨幅度非常大，其主要原因是可再生能源的发电成本较高。可以预见，随着新能源技术进步和由此带来的发电成本下降，可再生能源发电成本对电价上升的推动作用将逐渐减弱。

（2）批发电价。截至2018年12月31日，德国的批发电价价格为29.2欧元/MWh，仍为欧洲电力价格最高的国家之一。不仅是由于其可再生能源推出所产生的成本，而且还有众多国家与个体商户不计高价，持续支持该国的能源转型发电事业。尽管近年来德国批发电价平均呈下降趋势，但附加费、税收和电网费用还是提高了德国私人家庭和小型企业的电费。然而，据德国市场观察人士研究，这些因素并不能动摇该国客户继续购买使用其电价的决心。

（3）工商用户电价。德国的工商用户主要有两大类，即商业用户和工业用户。2018年商业用户平均电价是26.74欧分/kWh；工业用户平均电价是17.17欧分/kWh。由此可见工业电价明显低于商业电价。从2000—2018年的数据来看，工业电价和商业电价都呈上升趋势，而商业电价价格涨幅略低于工业电价的涨幅，分别是 38% 和 54%。

4.5.2 电力市场监管模式

4.5.2.1 监督职责

德国联邦网络管理局的主要监管职责是确保无歧视的第三方接入和电网费用的管理。其依据德国《电信法》（*Telecommunications Act*, TKG）、《邮政法》（*Postal Act*, PostG）、《能源法》（*Energy Act*, EnWG），通过公平无歧视接入与有效、系统使用费率来确保能源、电信、邮政市场的自由化与解制政策。

4.5.2.2 监督内容

德国联邦网络管理局对电力行业的监管内容重点如下：

（1）信息透明。提供年度监管报告和消费者信息。通过搜集的资料确认受监管的输电、配电与售电公司的收入合理性，并对电力公司收购可再生能源提供奖励，督促可再生能源发电达到较高的比例。

（2）对现有发电容量监管普查。根据德国《能源法》（EnWG）第 35 节规定，联邦网络管理局必须强制执行既有发电容量监管普查，包括 10MW 以上商转与退役机组及电力储能系统，并公布在联邦网络管理局网站上。

（3）监管各类电价。自 2006 年起，依据《能源法》规定，联邦网络管理局每年公布监管报告（Monitoring Report），包括各类电价资料，依法要求电力行业普查，并根据情况通报进行评估分析，按成交量（用电量）加权平均计算各类电价。电力市场化后，监管后的电价内容越来越细分，项目分得越细就越容易判断电价是否合理，更容易考核电力行业的经营效率。

4.6 综合能源服务概况

4.6.1 综合能源服务发展现状

虽然欧洲的综合能源管理以一体化发展为主要发展路径，但德国是欧洲综合能源系统的主要发起国和倡导国，欧盟内的综合能源管理系统也主要参考了德国国内的发展模式，同时德国也是欧盟的综合能源系统技术的主要输出国。因此将德国进行单独的分析。

德国早在20世纪就把能源效率和节能放在国家发展战略的重要位置。2011 年 6 月，德国首次将能源转型作为国家的重点战略，决定在未来

40 年内将其电力行业从依赖核能和煤炭全面转向可再生能源。

德国认为，实现能源转型应在三个方面发力。第一，全部领域的能源需求均得到显著和持续的下降，即节能优先。通过加大节能投资，大幅度减少化石能源消费量，使能源需求大部分可通过可再生能源满足。第二，直接利用可再生能源。直接利用太阳能热力、地热能和生物质能源，不必将可再生能源转换成二次能源（电力）再使用。第三，将可再生能源发出的电力高效地用于供热交通和工业领域（如热泵、电动汽车），用电力取代大量化石燃料，或将电力转换为其他二次能源（如氢气）。

德国认为，提升能源效率是推动德国能源转型的第一支柱，是满足能源需求的"第一能源"。为实现德国能源转型目标，2014 年 12 月，德国经济能源部制定了《国家能效行动计划》绿皮书。该计划的背景是德国社会认为发展可再生能源支付的成本越来越高，而节能和提高能效可以有效降低企业和居民消费的能源成本。

此外，德国历届政府还认识到，德国在节能和提高能效方面有很大潜力可挖。德国的大企业很少，99% 以上的工业企业是中小企业。据德国能源署调查发现，德国中小企业在通用节能技术改造方面蕴藏着巨大的节能潜力，节能潜力一般在 25% 以上，甚至在某些领域高达 70%。通过节能提效挖掘出这些节能潜力，不仅有利于降低全国的能源消耗、降低对进口能源的依赖程度，还有助于企业降低生产成本，提高竞争力。综合能源管理是实现这一节能目标的重要手段。

4.6.2 综合能源服务企业

4.6.2.1 德国曼能源公司

1. 经营情况

曼能源公司（MAN Energy Solutions）是德国曼集团下能源板块的子公司，专门负责曼集团综合能源系统的建设及服务业务。德国曼集团成立于 1758 年。三个字母 MAN 由公司前身 Maschinenfabrik Augsburg Nürnberg 的第一个字母组成。公司总部位于德国慕尼黑，2021 年总营收高达 108 亿欧元。

曼能源公司帮助其客户在向碳中和过渡的过程中实现可持续的价值创造。通过解决海洋、能源和工业领域未来的挑战，公司在系统层面逐步提高效率和绩效，向客户提供解决方案来实现减排目标。

曼能源公司主要通过三个方面来实现综合能源管理。首先，曼能源公司是全球最大的船舶发动机生产商，全球一半以上的船舶使用曼能源公司的发动机，因此公司倡导海上能源转型，通过一系列新型的动力技术来减少燃料消耗和排放。其次，曼能源公司不断开发新的电能生产和储存技术，帮助客户降低发电厂的碳足迹，提升可再生能源占比。最后，曼能源公司强调使用数字化来定义其产品和系统，在解决方案中引入数字化产品，提升方案的整体性和可靠性。

在产品方面，曼能源公司在综合能源系统方面共有四大主要产品，即热电联产、电热储能、剩余能源整合以及压缩 CO_2。

（1）热电联产（CHP）。热电联产工厂将废热转化为能源，从而最大限度地利用每一滴燃料，同时服务于从工业到区域供热的各种热力应用。热电联产产品具备以下优势：①优化燃油效率高达 95%；②具备出色的快速启动和低负载能力；③三联产能力（电、热和冷）；④多燃料能力。

（2）电热储能（ETES）。电热储能是一种用于同时存储、使用和分配电、热和冷的大规模系统。通过允许直接使用热能以及再转化为电能，ETES 应用范围非常广泛，并实现了不同能源部门的耦合。电热储能技术具备如下优势：①三联供，集成供热、制冷和电力系统；②行业耦合、过程工业和能源供应商的理想选择；③可再生能源的整合与储存，减少 CO_2 排放；④可扩展、与位置无关且对环境的影响极低。

（3）剩余能源整合。传统能源和可再生能源都可以产生盈余。解决这个问题的一种方法是储存多余的能量并在需要时提供。储存的能量可以直接以热和冷的形式使用，或作为运输燃料。曼能源公司的盈余管理系统大体可以分为：电池储能、电热储能、Power-to-X❶、液态空气储能、压缩空气储能。

（4）压缩 CO_2。曼能源公司提供一系列先进的脱碳技术，包括高效压缩解决方案。压缩后的 CO_2 可以储存在枯竭的油田或含盐含水层中。在碳捕集和封存（CCS）应用中，捕集的 CO_2 在液化并运输到永久封存地点之前被压缩，或将 CO_2 转化为后续工厂中的有用产品。

---

❶ Power-to-X 指"电能转 X"。这是一个能源领域的概念，其中"Power"主要是指电能，"X"代表一系列可以通过电能转化生成的能源产品或含能物质，包括但不限于氢气（Power-to-H_2，电制氢）、合成燃料（如甲醇、合成天然气等，Power-to-Methanol、Power-to-SNG 等）、化学品和材料等。

2. 管理机制

曼能源公司的总体业务范围较广，共有四大事业部，分别为能源管理事业部、海洋产品事业部、工业事业部以及石油和天然气事业部。

其中，能源管理事业部主要负责综合能源管理项目的方案规划、开发、维护等工作，也是公司最大的事业部。海洋产品事业部主要负责公司轮船引擎、新型推进装置的研发、生产工作。工业事业部主要服务于公司的制造业客户，为他们提供压缩机、燃气轮机、高压容器等产品的定制化服务。石油和天然气事业部主要服务于公司的能源类客户，为他们提供石油和天然气的采掘设备。

曼能源公司的四大事业部并非独立运行，在很多项目上都需要进行高效的合作，以确保满足客户的需求。例如，工业事业部为工业客户进行设备改造时，能源管理事业部可以按照客户需求对项目进行储能和能源管理系统的规划，以帮助客户更有效率地利用能源，减少碳排放。

3. 综合能源相关战略

曼能源公司的综合能源业务主要基于其传统业务上的延伸。一方面，传统业务可以提供较好的客户基础，客户开拓成本较低；另一方面，传统业务天然地与综合能源管理契合，技术上的适配性较高。

曼能源公司根据不同的应用场景和客户群体，进行了不同的综合能源管理战略规划。目前公司的综合能源业务共服务于四大客群，分别为城市建设、公用事业、工业以及科研。

（1）城市建设。城市建设方面，曼能源公司通过发电、供暖和制冷这三类主要的城市能源应用基础场景进行切入，提供安全供应和排放控制相关的技术服务支持。具体措施包括城市储能系统、区域供热系统以及第三代能源管理系统。

1）城市储能系统。城市储能系统解决方案是对波动电力需求和可再生能源整合的解决方案。多余能量通过电池储能系统（BESS）进行存储。即时功率补充可以由以气体、生物燃料甚至合成燃料为燃料的发动机和涡轮发电机组提供，由此提升能源效率，减少碳排放。公司提供模块化和灵活的存储和备份设施组合。其能源管理系统（EMS）有助于优化需求和供应管理，同时降低成本和 CO_2 排放。

2）区域供热系统解决方案主要以生物质和垃圾发电为主，传统发电厂通常会浪费余热，而区域供热通过将废热送入绝缘水管网络来再利用。

除了降低成本和 CO_2 排放外，曼能源公司研发的系统还保证了更好的灵活性和供应安全性。

3）第三代能源管理系统。曼能源公司还研发独特的热电储能系统，即第三代能源管理系统。该系统目前已经迭代至第三代。其利用物联网技术，根据用户用电、热、冷的用户行为生成负荷曲线，并通过对用电端的需求行为进行分配，将分配结果传送至用户的分布式发电系统中，使分布式发电系统及时调整输出功率，以达到节能减排的目的。

（2）公用事业。曼能源公司还为欧洲各国的公共事业公司提供服务，主要产品包括电力负荷平衡系统以及储能配套建设。

1）电力负荷平衡系统方面，曼能源公司主要为各国的发电企业提供完善的电力需求预测系统，通过数字化系统对下游电力需求进行追踪，并对需求实现预测，从而帮助发电端提前实现发电侧的功率调节。

2）储能配套建设方面，曼能源公司将重点开发 Power-to-X 产品，除电化学储能外，还大力推进燃气储能，特别是天然气和氢气储能。通过光伏、风电进行电解制氢，将这些氢能作为长效储能方式，从而实现高效的能源利用效率。

（3）工业。曼能源公司将大力发展针对工业客户的综合能源管理系统。主要通过在厂区内建设分散式发电进行电力和蒸汽的热电联产，进一步提高效率。高蒸汽参数和低排放使其成为许多行业客户青睐的解决方案。另外，曼能源公司还将储能业务整合进工业解决方案中，帮助客户进行余电储能及上网售电服务。

（4）科研。曼能源公司在科研方面实施产研结合的发展路径。公司在欧洲各大高校都建设了合作实验室，用以进行新型能源管理系统的试验。此外，公司还在部分合作院校中建设了微电网、分布式能源等设施，以试验最新的产业技术。此外，曼能源公司还积极开发新型能源。公司是欧洲核子研究组织的长期合作伙伴，帮助其开发各类大型的冷凝器、真空室、3D 激光测量系统等。

4.6.2.2　德国 Next Kraftwerke 公司

1. 经营情况

Next-Kraftwerke 公司是德国最大的虚拟电厂运营商，同时也是 EPEX 现货市场认证的能源交易商，参与能源的现货市场交易。该公司拥有虚拟电厂相关的一切技术，包括数据采集、电力交易、电力销售、用户结算。

同时，公司还可以为其他能源运营商提供虚拟电厂的运营服务和解决方案。

Next-Kraftwerke 公司目前管理着超过 10000 个分布式发电设备和储能设备，包括生物质发电装置、热电联产、水电站、灵活可控负荷、风能和太阳能光伏电站等，管理资产涉及欧洲大陆 8 个国家（德国、比利时、奥地利、法国、波兰、荷兰、瑞士、意大利），总体管理规模超过 5000 MW。截至 2021 年参与电力交易量 18TWh，2021 年实现营收超过 6 亿欧元，是欧洲大陆最大的虚拟电厂运营商。

Next-Kraftwerke 公司一方面在风电和光伏发电等可控性较差的发电能源上安装远程控制装置 NextBox，通过虚拟电厂平台对聚合的各个电源进行控制，从而参与电力市场交易并获取利润分成。另一方面，利用生物质发电和水电启动速度快、出力灵活的特点，参与电网的二次调频和三次调频，从而获取附加收益。目前 Next-Kraftwerke 公司占德国二次调频市场 10% 的份额。

Next-Kraftwerke 公司进一步推出了更为标准化的储能模块解决方案。其存储系统是一个容纳 2MW 电量的单个集装箱，借助"NextBox"实现与电网的连接，如此一来，Next-Kraftwerke 公司便能远程操控将能源销售至现货市场。该公司运用算法把能源与存储资产整合到"NextPool"之中。随后，这些资产共同提供辅助服务。按照虚拟电厂（VPP）提供商的说法，这有助于他们以最高效且最具盈利性的方式开展运营工作。

Next-Kraftwerke 公司目前已经被壳牌海外投资公司全资收购，成为了壳牌石油的全资子公司。

2. 综合能源相关战略

Next-Kraftwerke 公司的综合能源业务可以分成三种模式，即面向发电侧进行能源聚合、面向电网侧进行灵活性储能供应以及面向需求侧进行需求响应。

（1）面向发电侧进行能源聚合。由于可再生能源发电的随机性和波动性，发电商经常无法准时向输电运营商提供之前承诺的电量；一旦发生这种情况，发电商将会承受所有平衡电量的成本，例如从其他发电商购买昂贵的电力。虚拟电厂可以帮助发电商实时监测发电情况，避免出现发电量预测不准的情况，从而节省成本。此外，虚拟电厂实时监控可再生能源价格，协助发电商优化电力产品结构，帮助发电商增加盈利，进而为聚合商赚取辅助收益。

（2）面向电网侧进行灵活性储能供应。在接收到电网运营商发出的提高或降低发电量的信号后，虚拟电厂的中央控制系统将该信号传递给各个可调度的可再生能源发电厂，考虑到响应时间、充电站容量、发电量等方面的限制，对发电量进行调整以支持电网频率，并抵消虚拟电厂中其他单元（光伏发电和风电）造成的波动。虚拟电厂通过向输电运营商提供来自发电侧的调峰、调频服务来赚取收益。

（3）面向需求侧进行需求响应。由于发电量增加和用电量减小对于电网产生的调峰调频效果是一致的，因此虚拟平台可以通过对需求侧的控制来对电网侧进行辅助服务，进而赚取辅助费用。此外，虚拟电厂可以将电网侧的消耗分配到现货市场上的低价时段，从而降低电力的采购成本。

另外，Next-Kraftwerke 公司也将提升电力市场灵活性作为主要的战略目标，主要包括以下服务：

（1）日间市场电价波动作为调整依据。Next-Kraftwerke 公司根据电力市场波动调整其资源池中的可调度能源发电机组（例如沼气厂）和负荷的出力和需求，为这些客户带来收入，同时为系统平衡作出贡献。以接入公司的沼气电厂为例，NextBox 系统（将电厂和远程控制中心连接起来的无线双向远程传输系统）对其发电量按照 15 分钟的间隔进行调控，根据电力批发市场的价格波动每天上下调整 20 次，以优化发电收入。

为鼓励工商业客户转移负荷，Next-Kraftwerke 公司按照日间市场电价的变化向工商业客户提供不同类型的电价（电价构成取决于使用时间、用户调整生产计划的灵活性等）信息。客户可以根据公司发出的价格信号自行决定执行计划，也可以完全由公司进行远程自动调控。

（2）利用聚合的能源资源提供平衡服务。Next-Kraftwerke 公司活跃在欧洲所有的三个平衡市场。截至 2021 年，Next-Kraftwerke 公司已累计拥有 2780MW 的虚拟电厂资源来提供平衡服务（75MW 一级备用、983MW 二级备用、1762MW 三级备用）。其客户通过参与平衡市场获得收入，公司从收入中获得提成。此外，Next-Kraftwerke 公司还通过提供代售服务和资格预审服务，支持具有连续性负荷的工业和服务部门用户销售其可中断负荷。

Next-Kraftwerke 公司在平衡服务中还独创了"再调度 2.0"的模式。在该模式下，各种数据需要传输给电网运营商，用于预测和补偿计算。公司作为电厂运营商的调度管理商，与电厂运营商签订直接销售合同，并将所需数据传送给系统运营商。

（3）通过网络远程提供软件服务。除了运行虚拟电厂，Next-Kraftwerke 公司还提供可定制虚拟电厂（NEMOCS）服务，为能源公司建立自己的虚拟电厂提供软件解决方案。此外，公司还提供电力系统平衡区管理软件（NEXTRA）。

另外，新能源汽车的快速增长为虚拟电厂创造了新的机会。Next-Kraftwerke 公司最近加入了旨在使汉堡港电动自动导引车能够利用其电池提供平衡服务的项目。公司开创了电动自动导引车队平衡服务资格预审的概念，使其充电系统可以交易控制备用电力。此外，该项目还开发了预测算法，使电动自动导引车在提供平衡服务的同时确保完成物流作业。

4.6.3 综合能源服务项目/案例

2008 年，德国联邦经济和技术部启动了"E-Energy"计划，目标是建立一个能基本实现自我调控的智能化电力系统，其中信息和通信技术是实现此目的的关键。"E-Energy"计划同时也是德国绿色 IT 先锋行动计划的组成部分。绿色 IT 先锋行动计划总共投资 1.4 亿欧元，包括智能发电、智能电网、智能消费和智能储能四个方面。为了分别开发和测试智能电网不同的核心要素，德国联邦经济和技术部通过技术竞赛选择了 6 个试点项目。

"E-Energy"计划的孵化扶持阶段早已结束，其中孵化的 6 个试点项目如今都已经实现了产业化运营，其中最为成功的是 RegModHarz 项目（哈茨项目）。该项目位于德国中北部的哈茨山区，其核心便是虚拟电厂技术。

德国政府选择哈茨地区，主要是因为该地区可再生能源供电的比例超过德国平均水平的 2 倍左右。哈茨地区总人口约为 24 万人，因为地处山区，风电资源较好。不仅风电机组在此处较为普遍，抽水蓄能、太阳能、沼气、生物质能以及电动车等都成为电力供应的一部分。在这个面积仅有 $2104km^2$ 的区域里，发电装机总量约为 200MW，此外主要有 6 家配电运营商、4 家电力零售商以及 1 家输电运营商。可以说哈茨地区就是一个微缩的高比例新能源"国家"。

虚拟电厂与分散式电源进行通信连接。与原有的传统大型发电厂不同的是，新能源系统数据变化较快，安全、稳定性高的传输技术非常必要。所以在此项目中制定了统一的数据传输标准，使得虚拟电厂对于数据变化能够快速反应。此外，在考虑发电端的同时，虚拟电厂同样关注用电侧的反应，在哈茨地区的试验中，家庭用户安装了能源管理系统，被称为双向能源管理（BEMI）系统。用户安装的能源管理系统每 15 分钟储存用户用电数据，记录用户每天的用电习惯，并将这些数据通过网络传输到虚拟电厂的数据库中。同时，当电价发生变动时，BEMI 系统可以通过无线控制来调控用电时间和用电量。

此外，此项目还采用了动态电价，设置了 9 个奖惩制度。电力零售商将电价信息传送到市场交易平台，用户可以知晓某个时刻的电价等级以及电力来源，以培养用户良好的用电习惯。动态电价可以使对电价敏感的用户根据电价的高低调整用电时段。

总的来说，哈茨项目主要有三方面成果。首先，为了哈茨项目，德国政府开发了名为 OGEMA 的开源平台，对外接的电气设备实行标准化的数据接口和设备服务，可独立于发电商为各类建筑和用电主体进行自动化能效管理，实现负荷设备在信息传输方面的"即插即用"，大大降低了用户侧用电管理的难度。其次，哈茨项目中的虚拟电厂直接参与了电力交易，丰富了配电网系统的调节控制手段，为分布式能源系统参与市场调节提供了参考。最后，哈茨项目新建了大量的储能配套设施，很好地平抑了光伏发电、风电等功率输出的波动性和不稳定性，有效论证了在高比例可再生能源地区能够实现 100% 的稳定电力供应。

截止到 2021 年年底，哈茨山区的可再生能源发电比例已经高达 50%，但由虚拟电厂构成的电网基础设施依旧发挥着稳定的作用，并未出现结构性失效。

第 5 章

■ 俄罗斯

5.1 能源资源与电力工业

5.1.1 一次能源资源概况

俄罗斯矿产资源丰富。据统计，俄罗斯石油探明储量达 145 亿 t（1062 亿桶），单日产量达 1125 万桶；天然气探明储量约 35 万亿 m³，占全球探明储量的 18.1%，位居全球第一；煤炭探明储量 1600 亿 t，占全球煤炭储量的 15.5%，仅次于美国，位居全球第二。俄罗斯中央银行的统计数据显示，2022 年，俄罗斯出口原油 2.42 亿 t、天然气 1844 亿 m³。

根据 2023 年《BP 世界能源统计年鉴》，俄罗斯一次能源消费量达到 28.88EJ，其中石油消费量为 7.05EJ，天然气消费量为 14.69EJ，煤炭消费量为 3.19EJ，核电消费量为 2.01EJ，水电消费量为 1.86EJ，可再生能源消费量为 0.08EJ。

5.1.2 电力工业概况

5.1.2.1 发电装机容量

俄罗斯电源结构见图 5-1。俄罗斯的装机电源结构以火电、水电、核电为主，其中 64% 发电装机为火电；19% 为核电；17% 为水电。目前俄罗斯有意调整长期以火电为主的装机结构，推行可再生能源发电装机，但目前进程较为缓慢。

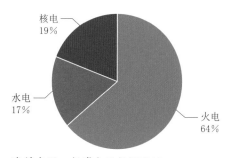

资料来源：彭博金融数据终端。

图 5-1 俄罗斯电源结构

俄罗斯 2016—2022 年发电装机容量见图 5-2。联邦统计局官网数据显示，截至 2022 年年底，俄罗斯全年发电装机容量为 301 GW，创五年新高。

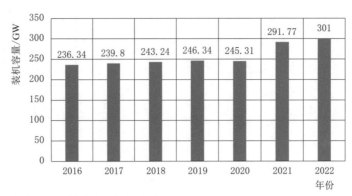

资料来源：彭博金融数据终端。

图 5-2 俄罗斯 2016—2022 年发电装机容量

5.1.2.2 电力消费情况

能源消费方面，俄罗斯 2021 年矿业、制造业、能源业为主要电力消费行业，共计消耗电力约 594 TWh，占国内总消耗电力的 50% 以上，预计未来将继续维持在此比重左右。俄罗斯 2021 年电力消费（按行业）见图 5-3。

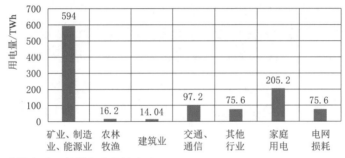

资料来源：彭博金融数据终端。

图 5-3 俄罗斯 2021 年电力消费（按行业）

5.1.2.3 发电量及构成

2023 年，俄罗斯总发电量约 1177 TWh，如图 5-4 所示。俄罗斯电力

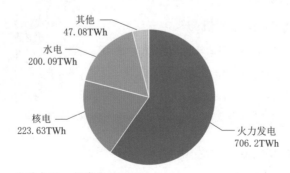

资料来源：彭博金融终端。

图 5-4 俄罗斯 2023 年电力生产情况

主要来源为火力发电，其次为核电（19%）、水电（17%）。据了解，俄罗斯供电较为充足，但偶尔会出现大部分区域短时间停电情况。

5.1.2.4 电网结构

俄罗斯电力装机容量的 72% 在欧洲区部分，主要是火电和核电，以及伏尔加河上的梯级水电站；西伯利亚区装机容量有一半是水电，还有 7 个 1000MW 以上的火电厂；远东区的电力装机占整个俄罗斯装机的 7%，只有几个小的火电厂。俄罗斯的火电主要为凝汽式发电厂和热电厂，欧洲这部分主要用天然气发电，西伯利亚和远东地区主要是燃煤发电。根据俄罗斯电力发展规划，2030 年俄罗斯总装机规模将达到 310GW，重点发展核能和可再生能源发电，使得核能和可再生能源发电比重分别升到 15.2% 和 3.9%，火电和水电比重分别降至 64.4% 和 16.5%。

俄罗斯电力设施老化状况严重，电力建设资金匮乏，一半以上的发电设备运行超过 30 年，发电设备利用小时数平均达 7100 小时，输电网中 60%～80% 的输电线路处于严重老化状态。作为经济快速增长的金砖国家之一，电力设备老化和较为落后的电网水平已经成为制约俄罗斯电力和经济发展的瓶颈。根据 2012 年俄罗斯能源部制定的《俄罗斯 2020 年前电力现代化纲要方案》，截至 2020 年，俄罗斯电网投资的总规模将达到 6645 亿元人民币，其中新建电网工程为 3842 亿元，现有电网的改造和技术升级为 2803 亿元。

俄罗斯联邦电网由 7 个联合电力系统组成，分别是中央联合电力系统、西北联合电力系统、南方联合电力系统、中伏尔加河联合电力系统、乌拉尔联合电力系统、西伯利亚联合电力系统和东方联合电力系统，包括 69 个地区电力系统，分布在俄罗斯 79 个联邦主体内。

俄罗斯联邦明确定性输电业务和配电业务以及电力调度为垄断性业务，强调政府对于输配环节的控制，联邦政府作为出资人，以骨干网资产为基础组建联邦电网公司。联邦电网公司拥有 8 个骨干电网分支机构，分别是中心区骨干电网、南方骨干电网、伏尔加骨干电网、西北骨干电网、乌拉尔骨干电网、西西伯利亚骨干电网、西伯利亚骨干电网和东方骨干电网，8 个骨干电网分支机构下设 36 个地区骨干电网公司。以地区配电网为基础，组建 12 个区域性配电公司，电网公平地对所有的用户和发电公司开放。联邦和地区价格司行使监管职责，重点监控输电网和配电网，成立了系统交易管理所和系统操作公司，并鼓励大用户直接购电，这样就为建立有效的电力市场奠定了合理的运行基础。输配电网络的分离有效地降低了输配电的交叉补贴，客观上减小了输配电网络的垄断势力。由于输配电业务的自然垄断属性特别强，采用政府管制的办法有效防止了输配电公司利用自己的垄断地位采取垄断价格，减少了由此带来的效率损失。

俄罗斯虽然总装机规模大约有 243GW，但 70% 左右的机组始建于 20 世纪 90 年代之前，已运行 30 年以上，新的现代化装机不多。

究其原因，在苏联时期，苏联将电力工业作为优先发展产业，其装机规模快速增长。苏联解体后，俄罗斯采用"休克疗法"式的改革，经济出现了大衰退，电力工业发展也几乎停止。有关数据显示，从 1991 年苏联解体到 2007 年，俄罗斯发电装机容量从 195GW 增加到 210GW，16 年间仅增加 15GW，发电装机容量增幅十分缓慢。由于俄罗斯大部分发电机组都是 90 年代以前建成，设备磨损严重、能耗高、效率低，设备长期安全可靠运行很难保证，机组亟须升级改造，为外资进入提供良好契机。

5.1.3　电力管理体制

5.1.3.1　电力改革

1992 年 12 月，俄罗斯成立了集发、输、配、售电于一体的集团化国有控股电力公司——俄罗斯统一电力公司，这标志着俄罗斯电力改革的开始。俄罗斯统一电力公司控股、参股企业 298 家，营业范围涵盖发电、输电、配电、售电、调度、研发、设计、建设、采购、辅助服务等电力行业的所有领域。从 1995 年开始，俄罗斯进一步研究酝酿以推进竞争和电力领域私有化为目标的改革，但受 1997 年金融危机影响和国内政局不稳定影响而搁置。2001 年，俄罗斯总统普京决定成立电力工业改革小组，在充分听取包括科学院、州政府、电力工业部、电力企业等不同利益方代表的意见后，俄罗斯政府发布了 526 号文件——《俄罗斯联邦电力工业重组》，奠定了现在俄罗斯电力工业构架的基础。该文件要求俄罗斯统一电力公司放弃垄断地位，将下属电厂重组为发电公司并出售；开放电力市场，吸引国内外私人投资；发展竞争机制，自由定价；国家只保留对电网和调度的控制。

俄罗斯电力管理体制经过多次改革，由国家垄断改为充分市场竞争。自 20 世纪 90 年代起，基于私有化的经济制度，俄罗斯采取了对电力工业各环节进行拆分的改革模式，同时为了筹集资金，还对电力工业进行了私有化和股权多元化。2008 年 7 月，俄罗斯完成了电力工业的结构性重组。经过几年的运行，俄罗斯已经基本建成批发竞争电力市场，形成了零售侧竞争，但受到电价飙升等因素的制约，全面自由竞争的目标尚未完全实现。为了进一步提高电网效率和供电可靠性，俄罗斯政府于 2013 年成立俄罗斯电网公司，统一管理输电网公司和配电网公司（普京总统签发了 2013 年第 437 号总统令，组建俄罗斯电网公司，实现了对俄罗斯电力系统输配电网的统一运营管理）。

在 526 号文件的基础上，2002 年 10 月，俄罗斯政府向议会提交了包括《电力法》在内的一揽子电力改革方案，将改革的各项目标以法律的形式确定下来。2003 年，俄罗斯通过了《电力法》，电力改革正式启动。《电力法》将 2008 年 7 月 1 日确定为电力改革的结束期限，同时规定电力市场开放设 3 年的过渡期，也就是从 2011 年起，电力行业全面实现市场化。

2008 年 7 月 1 日，俄罗斯统一电力公司正式停止运营，通过拆分与重组，在发电、输电、配电、调度、交易和检修等环节都成立了独立股份公司。改革后的俄罗斯电力工业形成了发电、输电、配电、售电、调度、交易相互独立的结构，分为基础性部分和竞争性部分。

5.1.3.2 机构设置及职能分工

俄罗斯电力机构设置见图 5-5。基础性部分包括联邦电网公司、跨区配电网公司、统一系统调度公司和交易系统管理公司（市场运营机构），这 4 家公司均由俄联邦政府控股。竞争性部分包括核电公司、水电发电公司、6 家火电发电公司、14 家地区发电公司，以及其他独立发电公司、售

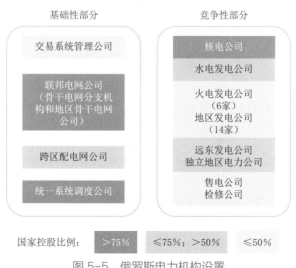

图 5-5 俄罗斯电力机构设置

电公司、检修公司等。其中，核电和水电发电公司由俄联邦政府控股，火电发电公司和地区发电公司已完成私有化改革，分别由俄罗斯天然气工业公司、E.ON 公司、Enel 等国内外企业控股。除此之外，远东地区和一些边远地区仍保留发、配、售一体化的电力公司。

俄罗斯电力机构除了上述基础性部分及竞争性部分外，具有电力管理职能的部门主要有联邦反垄断服务局（FAS）、市场运营机构（ATS）、联邦技术检查部门（FTAS）、联邦定价部门（FTS）及区域电力委员会（RECs），共计 5 个机构实行电力管理职能，主要职责如下：

（1）联邦反垄断服务局（FAS）：负责监督电力市场与减少市场垄断。

（2）市场运营机构（ATS）：负责市场规则的制定与实施，调解市场争议。

（3）联邦技术检查部门（FTAS）：负责建立技术与安全标准，监督服务质量。

（4）联邦定价部门（FTS）：负责对国家一级的垄断服务定价，并监督配电服务价格。

（5）区域电力委员会（RECs）：负责设定配电价格，但是必须事先与联邦定价部门、经济发展与贸易部（MEDT）及地区政府部门交换意见。

5.1.4　电网调度机制

目前，俄罗斯统一电力系统采取分级调度结构，形成自上而下的调度结构，共分为四级，层层管辖，是中央集式的调度模式。

俄罗斯电力调度机构见图 5-6，四级调度机构分别为中央调度局、联合电网调度所、地区电网调度所、发电厂和配电网调度所。

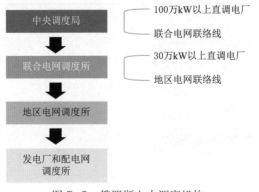

图 5-6　俄罗斯电力调度机构

中央调度局除管辖下属电网外，还管辖装机 1000GW 以上的直调电厂以及调度联合电网之间的联络线；下一级为联合电网调度所，调度联合电网容量为 300GW 以上的直调电厂，调度地区电网间的联络线和直属电厂；再下一级为地区电网调度所，调度地区内电厂；最下一级为发电厂和配电网调度所。

5.2 主要电力机构

5.2.1 联邦电网公司

5.2.1.1 公司概况

联邦电网公司（Federal Grid Company）是一家俄罗斯能源公司，通过统一的国家电网提供电力传输服务。联邦电网公司目前是俄罗斯电力行业的垄断者之一。该公司被列入对俄罗斯具有战略重要性组织的名单。联邦电网公司输电线路长度超过 14.2 万 km，容量超过 345GVA，是全球第一大上市电力传输公司。联邦电网公司独特的基础设施是俄罗斯经济的支柱。其业务分布在俄罗斯联邦的 77 个地区，总面积约 1510 万 km^2，拥有超过 21000 名员工。主要客户为区域配电公司、零售供电公司和大型工业企业。

5.2.1.2 历史沿革

1992 年 12 月，俄罗斯成立统一电力股份有限公司（RAO UES）。根据俄罗斯联邦总统法令，大量电力线路列入其核准的业务范围内。该公司实际上已经统一了整个俄罗斯电力行业。72.1% 的装机容量转移到 RAO USE 公司旗下企业运营，提供了 69.8% 的总发电量和 32.7% 的热能，几乎输送了全部（96%）电力。公司装机容量超过 15600 万 kW，成为世界上最大的能源公司。RAO UES 公司的成立为用户提供了可靠的电力供应。RAO UES 公司最重要的目标之一是逐步组织联邦电力和电力输出批发市场。

1997 年，俄罗斯联邦电力公司组织成立，帮助俄罗斯解决跨国土输电问题（中部、西北部、南部、伏尔加河、乌拉尔、东西伯利亚）。

1998 年，巴诺尔—伊塔特输电线路在 500kV 电压下投入使用。一年内，西伯利亚、哈萨克斯坦综合电力系统与俄罗斯同步运行，并与格鲁吉亚、阿塞拜疆签署互联运行协议；同乌克兰和立陶宛缔结的同一项协定使在苏联领土上恢复统一的电力管理成为可能。

到 2000 年为止，消费者对公司服务的支付水平仍然很低，不超过 85%，其中不到 20% 是用现金支付的，其余用期票、息票、折价券支付。到 1998 年初，消费者的债务已经超过 15 亿美元，这导致联邦电网公司应付账款快速增长。由于缺乏资金、燃料短缺、拖欠员工工资、冻结新建电力设施、缩小改造范围等原因，使能源企业的活动更复杂。到 2000 年，联邦电网公司已经实现了消费者对电力和供暖的 100% 支付，并结清了对其商业伙伴的税务责任和债务。在尽可能短的时间内消除了一些属于控股公司的区域能源公司所面临的破产风险，解决了支付工资的困难，并消除了技术人员的外流风险。俄罗斯 2000 年开始的经济增长也带动了能源消费的增长，对电力的需求每年增长 2%～4%。2000—2007 年，太阳能发电量增长 15.7%，从 8512 亿 kWh 增加到 9852 亿 kWh。为适应经济发展的需要，有必要对电力工业进行结构调整。2000 年 4 月 4 日，公司重组概念初稿提交董事局审议。按照结构改革构思，其主要目标是为吸引私人投资者进入该行业打下基础。区域能源公司分为发电、零售和分销公司。

联邦电网公司从 RAO UES 公司独立出来是根据俄罗斯政府 2001 年夏天的一项法案，作为电力能源部门重组的一部分。联邦电网公司成为了控制国家统一电网而独立设置的公司。该公司于 2002 年 6 月 25 日进行了注册。

5.2.1.3　组织架构

联邦电网公司主要由五大部门构成，分别为电力输送部、电力销售部、电网维护部、电网连通部及咨询部，各部门下设业务部门及相应职能部门。详细组织架构见图 5-7。

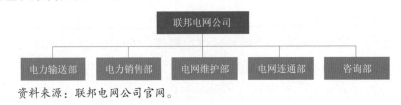

资料来源：联邦电网公司官网。

图 5-7　联邦电网公司组织架构

5.2.1.4　业务情况

1. 经营区域

联邦电网公司目前经营区域覆盖全国，责任区域覆盖 14.2 万 km 的高压骨干电力线和 944 座变电站，总变电容量超过 345GVA。公司为俄罗斯 77 个地区的用户提供可靠的电力供应，服务里程约 1510 万 km，占全国总用电量的近一半，全面覆盖全国 8 个骨干网络，即中心区骨干电网、南方骨干电网、伏尔加骨干电网、西北骨干电网、乌拉尔骨干电网、西西伯利亚骨干电网、西伯利亚骨干电网和东方骨干电网。

2. 业务情况

（1）输配电业务。输配电业务为联邦电网公司的主营业务，覆盖俄罗斯全境 8 个主要骨干网络，2018 年输配电实现营收 31.965 亿美元，同比增长约 9.8%，覆盖 14.2 万 km 的高压骨干电力线和 944 座变电站，总容量超过 345GVA。

（2）售电业务。售电同为联邦电网公司业务之一，2018 年实现营收 1410 万美元，受联邦立体与联邦政府的双边协议影响，同比增长约 13.8%。

5.2.1.5 国际业务

联邦电网公司于 2018 年响应国家号召，全年重点工作放在国内中心区网络与西北区中心网络建设上，为西布尔（Zapsibneftekhim）生产基地中复杂地形区域完成输电装配，为拜斯特林基矿（Transbaikalia）区域的采矿业配备电力，并未着重发展国际业务。

5.2.1.6 科技创新

联邦电网公司为提高输电效率和质量，实现资源合理利用，目前正在全心研究数字技术在输电领域中的应用，重点要开发一套低维护、可靠性高的数字化设备。

此外，在过去中，联邦电网公司一直在国际标准 IEC61850 基础上引进数字化变电站技术，到 2025 年，计划建成 32 座高压 / 超高压综合数字解决方案设施。与此同时，所有变电站将配备数字化通信系统，实现统一的远程控制。然而数字化并不是创新发展的唯一任务，2018 年，联邦电网公司两项项目获得国家级认定，其中一项为提高变电站的能源效率，另外一项为高温超导体使用技术，并且联邦电网公司已完成了世界上最大的超导电缆线路测试，其已于 2021 年在圣彼得堡投入使用。

5.3 碳减排目标发展概况

5.3.1 碳减排目标

2021 年 11 月 1 日，俄罗斯政府批准了《俄罗斯到 2050 年前实现温室气体低排放的社会经济发展战略》（简称《战略》）。该《战略》称，俄罗斯将在经济可持续增长的同时实现温室气体低排放，并计划到 2060 年之前实现碳中和。《战略》对俄罗斯低碳发展和减排前景提出以提高森林等生态系统固碳能力、实现能源转型为基础的"目标计划"。俄罗斯将按照"目标计划"中的发展路径实现减排和碳中和，确保俄罗斯在全球能源转型背景下的竞争力和可持续经济增长的同时，实现经济"脱碳"发展。目标是到 2030 年实现碳达峰，俄罗斯国内 12 个最大的工业中心的碳排放必须减少 20%，并在未来 30 年内，俄罗斯的累计温室气体排放量要低于欧盟；到 2050 年将 CO_2 排放量较 2019 年减少 79%。

5.3.2 碳减排政策

2021 年 11 月 1 日俄政府批准《俄罗斯到 2050 年前实现温室气体低排放的社会经济发展战略》，俄将在经济可持续增长时实现低排放，计划 2060 年前碳中和，以生态固碳、能源转型为基础实现"目标计划"，按此路径减排与碳中和，2030 年碳达峰，12 大工业中心碳排放减 20%，未来 30 年累计排放量低于欧盟，2050 年 CO_2 排放量较 2019 年减 79%。

此前，俄罗斯经济发展部在 9 月底已表示，俄罗斯实施温室气体减排项目的标准体系基本准备就绪，到 2022 年第一季度就可以按照基于国际公认标准制定的俄罗斯标准开始对所有气候项目进行核查，萨哈林州将是俄罗斯第一个决定进行碳中和实验的地区。

此外，在法律层面，俄罗斯国家杜马在 2021 年 5 月已经通过了国家首部气候法草案，为后续的减排脱碳建立了政策框架。该法案引入了碳交易、碳抵消、排放情况披露、污染问责机制等，其最早将于 2022 年开始正式生效。根据草案的公开内容，俄罗斯将设定较为详细的追责标准，2025 年前每年排放 15 万 t CO_2 的公司或机构必须向监管机构报告其排放水平；2025 年之后门槛将进一步收紧，即每年排放 5 万 t CO_2 的公司或机构就必须公布排放情况。

俄罗斯的脱碳路线图草案与其他国家不同的地方在于，其考虑到了俄罗斯广大且纵深的国土面积，更加重视地方经济技术更新和基础设施完善，鼓励地方政府与商业机构增加低碳能源比重，并考虑进一步开发西伯利亚以强化俄罗斯森林的碳吸收能力，同时还希望推动与各国和地区进行对话和磋商，以共同寻求应对气候变化危机的措施和方案。

5.3.3 碳减排目标对电力系统的影响

根据既定的政策预测，俄罗斯可再生能源在一次能源供应总量中所占份额将略有上升趋势，从 2020 年的 3.4% 左右上升到 2030 年的 4.4%。

2009 年，俄罗斯制定了 4.5% 的可再生能源发电目标，其中不包括大型水电，到 2020 年通过其《2030 年能源战略》。2013 年，通过国家能源效率和能源部门发展计划，这一目标被下调至 2020 年至少 2.5%，而最初 4.5% 的可再生能源发电目标被推迟到 2024 年。

鉴于 2021 年俄罗斯只有 0.47% 的电力来自非水电可再生能源，俄罗斯未能实现其 2020 年目标，也无法实现 2024 年目标。

5.4 储能技术发展概况

过去几十年来，俄罗斯一直致力于开采化石能源，尤其是低成本的天然气用于发电。直到 2013 年俄联邦政府通过了第一个促进可再生能源的监管法案，更广泛地使用可再生能源才被视为重要的发展路径。推进可再生能源的主要理由是气候变化义务、需要改善某些地区的环境状况以及需要为广大离网地区提供负担得起的能源。政府支持计划实施后，新能源领域引来了许多有竞争力的能源公司竞相投资，其中包括国际领先企业富腾、维斯塔斯和俄罗斯国有企业 Rusnano、Rosatom 、Rostec。

当前在俄罗斯，政府的目标是在 20 年内将可再生能源的份额提高 10 倍，到 2040 年将其在总装机容量中的份额提高到 10%。到 2035 年，对可再生能源的投资将达到 1 万亿俄罗斯卢布。这些目标定得很高，但实践起来十分困难。俄罗斯在 2020 年前后仅安装了 1GW 的太阳能和风能设施，占新增装机容量的 60%。虽然太阳能电站和风电场呈指数级增长，但其他基于可再生能源的发电厂只占很小的份额。俄罗斯政府早些时候设定的到 2024 年可再生能源在该国发电中的占比目标为 4.5%，但由于该国 2014—2016 年的经济问题和当地设备制造所需的时间造成的延误，这一目标预计也将无法按时实现。

俄罗斯政府对新能源发展的政策支持力度总体而言尚显不够，财政补贴与市场监管措施也不完善。不过在 2016 年，在俄罗斯国内一系列规划战略文件中都写入了发展储能的计划。《2035 年俄罗斯燃料能源综合体领域科技发展展望》（2016 年版）指出，储能是发展可再生能源和分布式电源所需的极其重要的技术。国家技术倡议路线图"EnergyNet"（2016 年版）将储能作为智能分布式能源和天然气混合发电技术的优先发展方向，提出 2019 年前要在偏远村镇应用智能分布式能源技术，启动能源系统自动控制试验项目，其中就包括发展可再生能源和储能技术。《俄罗斯联邦电力储能系统市场发展纲要》（2017 年版）确定了俄罗斯储能市场发展的长期目标。

现阶段，俄罗斯储能发展速度不及全球平均水平。能源领域立法问题是影响其储能技术积极发展和广泛应用的主要障碍。2018 年通过的"EnergyNet"路线图旨在完善能源领域立法，消除能源发展的行政壁垒，可谓解决储能发展制度问题过程中迈出的重要一步。路线图提出在 2019 年年底前筹备相关立法的调整工作以保障储能可以参与电力趸售和零售市场，并实施储能相关的试验项目。

在储能参与电力市场的试验项目实施以后，相关立法也将做出调整，并将带动储能系统到 2021 年在俄罗斯全面推广和应用。根据电力储能系统市场发展纲要，乐观预计，到 2035 年俄罗斯储能装机将达到 20GW。

除了为储能在能源领域的应用创造条件外，俄罗斯还开展了储能技术的研发，国产系列储能器的生产于 2018 年年底启动，其中包括 Liotech 公司生产的容量为 2~4kWh 的锂离子电池车载蓄能器，以及 Systemct 公司在新西伯利亚国立技术大学研制基础上生产的大容量（32000kWh）蓄能器。2020 年，俄罗斯国家原子能集团公司（Rosatom）也通过其子公司 TVEL 核燃料公司进入储能行业。该子公司专门为此新设了一家子公司，即 Renera。根据设立目标，Renera 将生产用于电动汽车的锂离子动力蓄电池模组，以及用于应急电源、可再生能源和平滑负荷需求的储能系统。

5.5 电力市场概况

5.5.1 电力市场运营模式

5.5.1.1 市场构成

俄罗斯电力市场构成见图 5-8。电力市场日常运行主要通过电力市场委员会、电力批发市场交易系统管理股份公司（ATS）、财务结算中心股份公司（CFS）、联邦统一电网股份公司（FSK）以及统一电网系统运行股份有限公司（SO）等一批专门的电力交易机构和电力技术机构负责运作。其中，电力市场委员会主要负责电力市场的准入和各项制度、合同范本的制定；电力批发市场交易系统管理股份公司主要负责测算并整合电力批发市场的交易量、交易价格等各类交易信息；财务结算中心股份公司主要负责电力市场的交易清算；联邦统一电网股份公司和统一电网系统运行股份有限公司主要负责提供电力市场的输配电和技术维护。

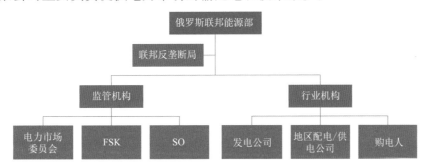

图 5-8　俄罗斯电力市场构成图

5.5.1.2　结算模式

俄罗斯电力市场划分为电力批发市场和电力零售市场。

按照是否接入俄罗斯统一电网，俄罗斯全境电力市场划分为统一电网区域和独立电网区域。在统一电网区域内，电力批发市场和电力零售市场并存；但在独立电网区域内，只存在电力零售市场，且电价基本由联邦反垄断局按照法定机制测算确定。按照是否存在竞争性电价机制，统一电网区域的电力批发市场进一步划分为价格区和非价格区，非价格区内的电价总体上由联邦反垄断局按照法定机制测算确定，而价格区内的电价，除居民生活用电等民生用电外，基本通过竞争性机制确定。此外，出于技术条件等原因，价格区进一步划分为第一价格区和第二价格区。总体而言，价格区、非价格区和独立电网区域间电网相对独立，一般情况下电力无法跨区交易。

根据《电力法》规定，发电公司能参与电力批发市场还是电力零售市场，主要取决于其装机容量。除因技术条件不具备等极个别特殊情形外，电厂的装机容量与其可以参与的电力市场存在表 5-1 所示的对应关系。

表 5-1　　　　　　　　俄罗斯电力市场划分

电力市场	装机容量 < 5MW	5MW ≤装机容量 < 25MW	25MW ≤装机容量
电力批发市场	不可参与	可参与	可参与
电力零售市场	可参与	可参与	不可参与

2001 年，俄罗斯政府在市场中引入双边交易机制。2005 年，俄罗斯开始在电力实时平衡市场中引入竞价机制。俄罗斯电力市场于 2006 年采用新的市场模式，并逐步放宽对电力市场的监管。新市场模式下，双边交易合同均为受监管合同，联邦关税服务局（Federal Tariff Service，FTS）对交易合同价格进行监管。随后，受监管合同在所有双边交易合同中的数量将逐渐降低。到 2011 年 1 月 1 日，全部取消受监管合同，双边交易的价格通过市场竞争形成。俄罗斯现有 14 家区域发电公司（TGC），形成区域电力系统的基本框架，区域竞价电力市场的建立主要以双边交易为主。

俄罗斯电力市场双边交易结构见图 5-9。市场参与者包括批发市场及地方发电公司、地方供电商、联邦输电公司（FTC）和大终端用户，以及系统运行机构等。双边交易价格由电力批发市场交易系统管理股份公司（ATS）进行管理。在双边交易过程中，通过改变发电商的出力以及用户的消费行为实现电力的实时供需平衡。

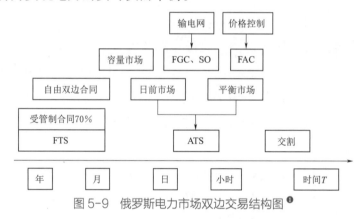

图 5-9　俄罗斯电力市场双边交易结构图❶

1. 市场主体

俄罗斯电力市场双边交易中，交易性主体包括发电商、售电商、经纪商、终端用户以及应诺供应商（Guarantee Supplier）。其中，经纪商为买方和卖方牵线搭桥，并从中收取佣金。应诺供应商的主要职责是与任何有意愿的消费者签订合同（只要消费者在其工作区域内），同时作为非批发市场主体但满足一定规则的发电商的唯一购电商。非交易性主体包括：

（1）联邦输电公司（FTC）负责所有 220kV 以上输电线路和变电站的运行、维护和建设。

---

❶　图中横轴表示相关项目的调整时间。例如双边合同和管制合同按照年、月重新进行议价和定价，日前市场按照日来进行调整价格，而平衡市场则按照小时进行报价，最终由以上的价格组合形成最终的电力交割价格。

（2）统一电网系统运行股份有限公司（SO）合并了莫斯科的中央调度局和7个区域调度中心，国家拥有75%以上的股份。SO负责统一能源系统UES的安全供电和无差别接入系统。

（3）电力批发市场交易系统管理股份公司（ATS）组织电力批发市场的交易活动、进行市场平衡结算、对管制交易以及自由双边合同交易进行管理，并充当监管机构；负责批发市场的设计和运营，记录双边交易的电量，确定现货市场上不同母线的电价，并监视批发市场上按协议应支付的电费。

2. 交易类型

按照交易时间长短划分，俄罗斯电力市场双边交易可分为远期、期货双边交易，短期双边交易。远期、期货双边交易中，供求双方通过签订双边合同约定在未来某一时间进行交易，双边合同中涉及价格与供电量。市场中达成的双边交易大部分是远期双边交易，购售电双方可以提前签订几天、几月、一年甚至若干年的电力合同。远期双边交易直至实际交割时点的前1小时（又称关闸时间，gate closure）才会关闭。短期双边交易又称交易所内的双边交易（或场外交易）。交易双方在交易所内签订标准的时段合同（standardized blocks of electricity），在未来一天的一段时间内交易一定数量的电量。短期双边市场为购售电双方提供了灵活购售电的机会，发电商、供电商以及电力用户可以根据接近运行时段的即时信息，如天气条件及发电机故障事件等调整交易，从而降低交易风险。

5.5.1.3 价格机制

1. 定价机制

俄罗斯电力市双边交易中，电力批发市场交易系统管理股份公司（ATS）作为双边交易的中间商，确保交易的顺利进行。电力双边交易合同必须在非营利交易系统管理机构处登记，非营利交易系统管理机构将根据区域价格确定双边交易合同价格。

在俄罗斯电力市场交易中，发电企业与供电企业之间的双边合同可以一年一签订，电价的制定可根据燃料成本和通货膨胀变化进行调整。随着市场化改革的不断推进，俄罗斯逐步放开价格管制，适当提高居民电价，减少交叉补贴，由电力买卖双方自由定价、签署长期合同。以区域间的双边交易为例，说明双边交易价格的形成机制如下。交易双方将选定一个交割区域作为参考区域，以该区域的价格作为合同的交割价格。若所选参考区域为交易一方所在区域，则对该交易方而言，其所面临的合同交割价格是锁定的，即面临的价格风险较小，节点价格的波动将传导至交易另一方。在双边交易中，将双边合同与能源枢纽（Hub）锁定以增加双边交易价格的透明度，此时价格对所有的市场参与者而言公开、透明。Hub 是依据一定的节点价格相关度而结合的一系列节点的集合。这意味着，Hub 所包含的节点在日前市场所形成的节点价格可以偏离 Hub 指数，但不能超过一个确定值（至多不超过 20%）。而区域价格则是依据发电成本加上不高于10% 的收益率核定，并可根据燃料成本变化和通货膨胀情况进行调整。

2. 平衡机制

俄罗斯电力双边交易市场中，改变发电商的出力以及用户的消费行为可实现电力的实时供需平衡。当实际需求量与实时用电需求计划出现偏差时，系统运营机构将促使发电商及用户通过平衡市场进行电量平衡交易，以调整偏差量。若实际电量需求量超过日前市场的计划需求电量，则需要通过平衡体系弥补偏差电量。此时，可通过增加发电出力或者减少消费需求以实现电量平衡。参与平衡调节的用户可称为可调整负荷用户（CCL）。发电商与 CCL 通过平衡市场进行平衡电量竞价。其中，发电商的水电及抽水蓄能发电量电价为给定价格，其余电能均按照日前市场报价。CCL 根据（X-1）交易日下午 5 点之后至 X 交易日之间的价格报价。此时，系统运营机构根据双方报价确定所需的平衡电量。在交割前一个小时，系统运营机构将确定包括实时调度电量（如平衡下一个小时的消费量所需的电量）在内的节点电量，以使社会福利最大化。系统运营机构通过社会福利最大化的计算模型，确定每个节点的调度电量以及相关的价格指标。系统运营机构通过节点调度电量的调整发出增加或减少出力（或消费量）的信号，以实现电量的实时平衡。

5.5.2 电力市场监管模式

5.5.2.1 监管内容

1. 电力价格监管

俄罗斯电力市场经过几轮改革后，电力价格监管从国家统一监管到市场竞争合同监管，再到市场自由竞争。2006 年 9 月 1 日，俄罗斯新的电力批发市场和零售市场开始运行。与原有的电力批发市场相比，建立新的电力批发市场的主要目的是将电力价格由国家监管逐步向由市场竞争形成价格过渡。在新的电力批发市场建立初期，电力交易主要以受监管的合同交易为主，日前集中竞价交易和自由交易为辅。按照电力市场建设的规划，日前集中竞价交易和自由交易的电量将逐步扩大，并最终取代受监管的合同交易。2006年，新的电力批发市场中的交易全部为受监管合同。2007年1月1日到6月30日，受监管合同的比例下降至90%~95%。根据规划，到2011年1月1日，电力批发市场的价格已通过市场竞争形成。

2. 市场监管

伴随着发电、输电、配电和售电业务的分离，俄罗斯的电力市场实现了市场化改革，这是政府放松经济管制的表现。但是，联邦政府并没有放松社会管制，毕竟市场不是万能的。在改革的过渡时期，俄罗斯联邦和地区的价格委员会行使监管职能，随着改革的深入，俄罗斯能源部代替联邦和地区的价格委员会行使监管职能，重点加强对于具有自然垄断属性的输配电环节的监管。

在改革的过渡阶段，主要由联邦和地区价格委员会行使监管职责，重点监控输电网和配电网，成立了系统交易管理所和系统操作公司，并鼓励大用户直接购电，这样就为建立有效的电力市场奠定了合理的运行基础。

2008年以后，为提高监管效率，把原来属于联邦和地区价格委员会行使的涉及监管的职能移交给联邦能源部，重点加强对垄断环节的控制与监管，从以行政管理为主向依法监督转变。鉴于电力市场的特殊性，完全依靠市场不可能形成一个健康的电力市场，成立独立的监管机构很好地解决了市场失灵问题，相对于国家垄断经营，又不会形成政府失灵。监管机构保持独立性才能使市场各方信服。

5.5.2.2 监管对象

俄罗斯对于电力价格上监管的主要对象为供电商及购电人，避免形成与市场规律不符合的电力定价，维持供需平衡，早期也对购电合同进行统一监管。

对于市场的监管，主要以关联企业、交易方为主要监管对象，同时加强对有自然垄断属性的输配电环节的监管。

第 6 章
法 国

6.1 能源资源与电力工业

6.1.1 一次能源资源概况

法国是一个能源资源比较匮乏的国家，核能是法国的主要能源产品，核电发电量占总发电量的比例超过 80%，并依靠进口化石能源发电实现调峰。铁矿蕴藏量约 10 亿 t，但产量低、开采成本高，所需的铁矿石大部分依赖进口。煤储量已近枯竭，所有煤矿均已关闭。有色金属储量很少，几乎全部依赖进口。石油储量为 1.01 亿桶，绝大部分的石油、天然气和煤依赖进口。法国的能源自给率超过 50%。此外，水力和地热资源的开发利用比较充分。

根据 2023 年《BP 世界能源统计年鉴》，法国一次能源消费量达到 8.38EJ，其中石油消费量为 2.91EJ，天然气消费量为 1.38EJ，煤炭消费量为 0.21EJ，核电消费量为 2.65EJ，水电消费量为 0.42EJ，可再生能源消费量为 0.81EJ。

6.1.2 电力工业概况

6.1.2.1 发电装机容量

截至 2023 年，法国电力系统总装机容量达 140.54 GW，核能依旧是法国最主要的电力来源，装机容量达 61.3 GW；其次为水能，装机容量为 25.58 GW；风能第三，装机容量达 19.5 GW；化石能源排名第四，装机容量为 17.16 GW；第五为太阳能，装机容量约 14.6 GW。各类型发电装机容量见图 6-1。

法国历年发电装机容量占比变化见图 6-2。法国正逐步淘汰化石燃料这类高污染发电源，2016 年，化石燃料占比为 18%，而 2023 年，石化燃料占总装机容量的比例为 12%，10 年共淘汰 6% 的化石燃料。与此同时，法国也在不断增加风能、太阳能及其他可再生能源在装机容量中的比例。2016 年，法国太阳能装机容量仅为 5%，而 2023 年，法国太阳能装机容量已达总装机容量的 11%，同时风能的占比也从 2016 年的 8% 提升至 2023 年的 14%。风能、太阳能在总装机容量中的占比已经从 2016 年的 13% 增加到了 2023 年的 25%。

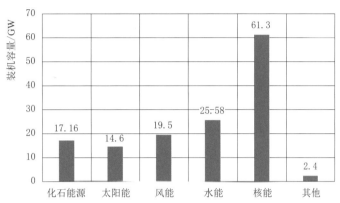

数据来源：彭博金融数据终端。

图 6-1　法国 2023 年各类型发电装机容量

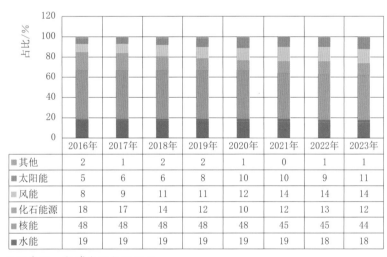

	2016年	2017年	2018年	2019年	2020年	2021年	2022年	2023年
■其他	2	1	2	2	1	0	1	1
■太阳能	5	6	6	8	10	10	9	11
■风能	8	9	11	11	12	14	14	14
■化石能源	18	17	14	12	10	12	13	12
■核能	48	48	48	48	48	45	45	44
■水能	19	19	19	19	19	19	18	18

数据来源：彭博金融数据终端。

图 6-2　法国 2016—2023 年发电装机容量占比变化

6.1.2.2　发电量及构成

截至 2023 年，法国全年总发电量共 514.11 TWh，其中核电占比最大，约 65.3%，共 335.65TWh；其次为可再生能源，发电量约 71.87TWh，占比 14%；水电排名第三，发电量 53.19TWh；化石燃料发电量最低，仅占 8.4%，共 43.3TWh。详细发电量构成见图 6-3。

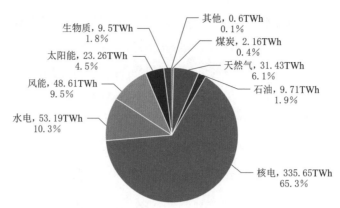

数据来源：彭博金融数据终端。

图6-3　法国2023年总发电量构成

目前，法国正逐步降低核能在发电量中的占比。2008年，核能占总发电量的比例高达81%，15年间，核能发电量的占比已降至65%，下降约16个百分点。取而代之的是可再生能源（风能、太阳能），从2008年的0提升至2022年的15%。法国2008—2022年各类型电源发电量占比见图6-4。

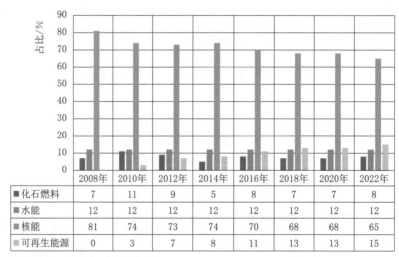

	2008年	2010年	2012年	2014年	2016年	2018年	2020年	2022年
化石燃料	7	11	9	5	8	7	7	8
水能	12	12	12	12	12	12	12	12
核能	81	74	73	74	70	68	68	65
可再生能源	0	3	7	8	11	13	13	15

数据来源：彭博金融数据终端。

图6-4　法国2008—2022年各类型电源发电量占比

作为欧盟成员国与欧洲电力大国之一，法国是电力净出口国家，每年会向欧洲邻国出口大量的电力。截至2023年，法国共出口电力53.4 TWh，主要出口国家包括瑞士、西班牙、英国和意大利。据了解，法国城区供电可靠率达99.999%。

6.1.2.3 电网结构

法国的电网分为 400kV、225kV、150kV、90kV 以及 63kV 五个电压等级。截至 2018 年 12 月 31 日，法国电网总长度约 10.5 万 km，连接了 2710 座变电站，其中 46.2% 为 400kV 和 225kV 线路，剩下的为普通高压线路。据统计，法国主要通过高空和地下的方式来进行电缆铺设，400kV 电网主要通过高空以及地下电缆铺设，总长约 2.18 万 km；225kV 电网的高空及地下电缆长度约 2.56 万 km；普通高压电线的高空和地下电缆长度也达到了 5.29 万 km。法国电网架设分布见表 6-1。

表 6-1　　　　　　　　　法国电网架设分布

电压等级 / kV	线路长度 / 万 km
400	2.18
225	2.56
150	5.29

资料来源：法国能源监管委员会（CRE）。

法国电网与西欧电网（UCTE）联网运行，通过 42 条交流线路分别与比利时、德国、瑞士、意大利、西班牙等国电网互联，另外与英国海域之间通过 270kV 的跨英吉利海峡海底直流电缆联网。

法国电网的未来规划是"远近结合"原则，以高一级电网规划指导下一级电网规划。若以建设速度和用电量增长为衡量标准，法国电网经历快速发展阶段后已进入完善成熟发展期，电网规划更着眼于长远效益。法国电网项目建设周期长，建设项目少，客观上也为电网规划的深入详细论证提供了条件，项目规划能够根据实际情况随时调整，加之由于电力负荷增长相对缓慢，电网在中短期的发展变化可能并不显著，也促使法国电网规划将首要任务着眼于长期规划，同时结合中期进行滚动。

6.1.3　电力管理体制

6.1.3.1　机构设置

根据欧盟统一部署要求，法国政府于 2000 年正式成立了法国电力监管委员会，并于 2003 年与天然气监管委员会合并，形成了现在的法国能源监管委员会（CRE）。CRE 主要负责对法国电力公司进行监管，同时还承担电力市场买卖和电网运营监管的职能。另外，为了对电力市场进行市场化改革，法国政府允许电力公司实行纵向一体化的发展策略，但为了防止垄断，电力公司必须将输电、配电和发电业务实行财务剥离。

6.1.3.2 职能分工

法国能源监管委员会（CRE）下设五大主管部门，分别为欧洲及国际事务部、电力批发市场事务部、市场价格监管部、电网事务部和法律事务部。其关系见图6-5。

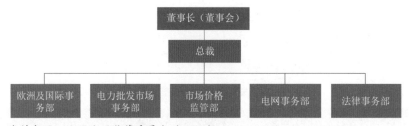

资料来源：法国能源监管委员会（CRE）。

图6-5 法国能源监管局组织架构

（1）欧洲及国际事务部：负责欧洲及国际能源事务上的监管与合作。

（2）电力批发市场事务部：主要负责法国国内电力批发市场的监管，包括批发价格指导、电力批发市场管理等工作。

（3）市场价格监管部：负责法国国内的能源市场监管，包括垄断监管、能源价格指导、能源公司财务监管等工作。

（4）电网事务部：主要负责输配电网以及燃气管道的监管工作，包括技术标准监管、跨国管线事务处理、基础设施建设监管等。

（5）法律事务部：主要负责能源市场立法相关事务，包括市场准入制度指导、基础设施建设法规制定、能源交易政策指导等。

6.1.4 电网调度机制

法国输电运营公司（RTE）也是法国的调度系统公司。法国输电运营公司的中央中控中心权责与一般电网调度机构大致相同，其控制中心共有1个中央控制中心及7个区域控制中心。巴黎是法国统一电网的中心，通过全国统一电网调度，巴黎与全国其他6个地区的电网互联。中央控制中心的具体责任为：管理系统的即时平衡机制，以确保需求平衡；管理400kV电压等级以上的电网；管理与外国互联的网络运转；电力损失的预测与补偿。

其他7个区域控制中心是由地区调度中心汇集本地的电网运行全部信息和指令，并传送给总调度中心、电厂和变电站，由总调度中心对电力消费和生产之间进行调度，尽量保持负荷平衡。其具体职责为：管理

63～225kV 电压等级的电网；执行输电设备的远程操控；管理与客户端的电网设备连接。

此外法国电网还与欧洲发输电协调联盟（UCPTE）联网运行，与比利时、德国、瑞士、意大利、西班牙和英国等周边国家的电网相连，相互进行大量的电量交换，为巴黎的电力供应提供更可靠的保障。

6.2 主要电力机构

6.2.1 法国电力公司

6.2.1.1 公司概况

法国电力公司（Electricite De France，EDF）成立于 1946 年 4 月，是法国最大的电力企业，也是世界最大的核电运营企业。法国电力公司作为世界领先的电力公司，也是全球低碳能源生产的领导者，其向全球约 351 万的客户供应电力和天然气，全球发电量达 580.8TWh，无碳发电高达 87%。该公司在欧洲尤其是法国、英国、意大利和比利时以及北美和南美建立了良好的业务基础，涵盖了从发电到配电，包括能源输送和贸易活动在内的电力价值链上的所有业务，以持续平衡供需。可再生能源应用的显著增加正在改变其发电业务，促进了建立在核电基础上的多样化和互补的能源组合。法国电力公司提供产品和建议，帮助居民客户管理其用电量，帮助商业客户提高能源和财务业绩，并帮助地方政府找到可持续的解决方案。

法国电力公司的企业战略为成为注重效率与责任的低碳电力企业，简称"CAP2030"，主要包括三项内容：一是客户社区友好；二是低碳发电，平衡核能与可再生能源发电比例；三是国际业务拓展。

1. 客户社区友好

为了支持客户和当地社区的能源转型，法国电力公司为他们提供了具有竞争力的低碳能源解决方案，并在智能电网领域获得了行业专业知识。法国电力公司通过 Dalkia、Citelum 和其他子公司（Sodetrel、Edelia、NetSeenergy）在能源服务方面的强大地位使其能够支持客户实现能源效率并开发分散的本地系统。2017 年，法国电力公司推出了"EDF Solutions énergétiques"品牌，向所有客户推广该产品。

对于住宅客户，法国电力公司提供并继续开发一系列数字能源服务，在法国和英国、意大利、比利时等国销售。例如，2016 年成立的 Sowee

公司（是一家定价的电力和天然气及监控工具供应商）反映了法国电力公司致力于满足其客户的新期望，尤其是在家庭可持续福利方面。现有的产品和客户关系也将继续通过新的数字技术和功能得到丰富，特别是通过在几个国家部署智能电表系统来促进。法国电力公司完全参与了能源转型。

（1）为客户制定或开发能效解决方案，包括绝缘方案、高效解决方案以及部署创新数字工具。

（2）致力于用新的高效用电替代化石燃料，到 2030 年，高效用电将增加几十太瓦时（电动汽车、热泵、低碳住房等）。

（3）开发无碳和分散的发电能力，例如"Mon Soleil et Moi"（"我的太阳和我"）的自耗电力项目，旨在为客户提供自发自用的电力服务。

（4）开发和运营使用可再生能源和回收能源的供热网络。

（5）创建 EDF Nouveaux 业务（一个内部和外部项目的孵化器），旨在测试和探索新的业务部门，为公司创造新的增长动力，为客户带来新的产品和创新服务。

另外，可再生能源的发展、连接智能电表的部署和都市圈的出现，使配电网成为电力系统改造的前沿。因此，配电器作为能量转换的促进者起着关键作用。在这方面，法国电力网络公司（ENEDIS）和法国电力公司已与国家许可机构联合会（FNCRC）和法国乌尔巴因协会（Association France Urbane）建立了一份新的电力公共分配和按规定电价供电的特许权合同草案，以使与特许权承包机构的关系现代化。本合同整合了区域变化和能源转型，同时保留了法国特许模式的原则——公共服务、区域团结和全国优化。

为了支持能源转型，法国电力公司正与布伊格集团（Bouygues Group）联合，加强在储能、太阳能、电力传输、智能电力系统和可持续的地方能源解决方案（智能城市）方面的研究和开发，例如签署第戎市智能城市合同。

2. 低碳发电，平衡核能与可再生能源发电比例

为了保持极低碳发电的领先地位，法国电力公司正在加强可再生能源的开发，同时确保现有核设施和新的核投资的安全、性能和竞争力。事实上，法国电力公司的核设施在控制温室气体排放方面已经使法国在控制温室气体排放方面领先于其邻国，同时仍然确保更低的电力成本。

为了实现极低碳的发电目标，巩固水电和核资产基础，法国电力公司

运营以下业务：

（1）法国电力公司定期投资水力发电特许权，以结合经济、能源和环境绩效，并提出加强水力发电的解决方案。

（2）法国电力公司正在进行投资，以获得在最高安全条件下延长法国核设施运行寿命 40 年以上的批准，因为其经济和碳竞争力已经证明其能力。

作为负责任的电力生产商，法国电力公司还将继续投资法国和英国核舰队退役和废物管理的工作。

3. 国际业务拓展

法国电力公司希望在法国及英国、意大利、比利时成为能源市场的关键参与者，根据公共政策，在能源安全、增强经济竞争力和欧洲经济低碳转型方面发挥作用。公司还在欧洲以外拓展业务，实现三个长期目标：使一些非欧洲国家成为公司的核心业务国家；引导其进行能源投资，为全球能源转型作出贡献；将"大国际业务"在公司业务中所占的份额提高 3 倍（2015—2030 年）。因此，法国电力公司在地理方面部署了一种有针对性的方法，并将重点放在低碳水电、风电和太阳能发电项目以及能源服务和工程活动上。天然气发电基础设施项目也在开发中，它们是能源转型的关键组成部分。关于新核，法国电力公司将利用其丰富的经验和法马通公司的专业知识在国际市场（印度、南非等）开发新的业务。

6.2.1.2　历史沿革

1946 年 4 月 8 日的法案使法国电力公司成为国有工商企业（EPIC），并为电力和燃气行业（IEG）的人员创造了特殊地位。

20 世纪 90 年代初，法国电力公司开始在海外进行大规模扩张，特别是在 1998 年 12 月收购了伦敦电力公司（2003 年 6 月 30 日更名为 EDF 能源公司）。2001 年，法国电力公司收购了 20% 的 EnBW（到 2005 年，该公司的股份已连续提高到 45.01%），IEB 财团（63.8%）收购了意大利爱迪生公司（Edison）的股权，其中法国电力公司持有 18.03% 的股份，2002 年收购了两家总部位于英国的分销公司 EPN Distribution Plc. 和 Seeboard Plc.。

2000 年，法国电力公司与贸易专家路易德雷福斯成立了 EDF Trading，2003 年成为法国电力公司的全资子公司。

2001 年，欧洲交易所和包括法国电力公司（EDF）在内的电力市场的各种工业和金融运营商成立了法国电力交易所。同时，作为授权法国电力公司收购 EnBW 股份的条件，欧盟委员会要求法国电力公司建立一个电力供应能力拍卖系统，以便竞争对手进入市场。2003 年，法国电力公司将其在法国国家电力公司的股份出售给苏伊士集团（现为 Engie）。

2005 年，法国电力公司和 A2A SA（前身为 AEM SPA）就爱迪生公司的联合收购签订了协议，并发布了收购要约。法国电力公司采取了重新聚焦欧洲的战略，并出售了其子公司 Ednor and Light 及其在墨西哥资产的控股权。法国电力公司于 2005 年 11 月通过发行 19637190 股新股以及法国政府向法国电力公司员工和前雇员以及某些法国电力公司子公司出售其持有的 3450 万股股份，申请首次公开发行股票。随后，2007 年 12 月 3 日，法国政府又出售了 4500 万股股份。

2006 年年底，法国电力公司 50% 控股的子公司 EDF Énergies Nouvelles 申请首次公开募股。自 2008 年 1 月 1 日起，法国电力公司的分销业务由 Enedis（前身为 ERDF）开展，该公司是法国电力公司的子公司，根据 2006 年 12 月 7 日关于能源部门的法案，法国电力公司向其提供了分销业务。

2011 年，法国电力公司确认了其作为可再生能源发电领域的关键参与者的地位，通过简化替代现金或外汇投标报价，将其在法国电力能源公司的股份增加到 100%，然后挤走少数股东。

2015 年，法国电力公司与中国广核集团有限公司（CGN）就萨默塞特 Hinkley Point C 核电站的建设和运营签订了一份不具约束力的战略投资协议。该合伙企业已于 2016 年 7 月 28 日获得法国电力公司董事会的批准。合同文件于 2016 年 9 月 29 日签署。

2017 年 3 月 30 日，法国电力公司完成了总额（包括发行溢价）为 4.018 亿欧元的优先认购权现金股票发行，即发行 632741004 股每股面值 6.35 欧元的新股。法国政府出资 30 亿欧元，即发行股票的 75%。此次股票发行取得了成功，总计约 49 亿欧元。因此，认购的市场份额高达 185.9 亿欧元。

6.2.1.3 组织架构

法国电力公司组织架构由董事会、执行委员会、专家咨询委员会组成。

1. 董事会

董事会共有 18 名董事，其中 11 名董事由股东会任命，1 名法国代表和 6 名董事由员工选举产生。董事会确定公司的发展目标，审查公司的经营结果，研究确定战略、财务或技术决定，在公司章程内行使职权。

2. 执行委员会

执行委员会由 14 名成员组成，执行委员会是一个决策机构，也是关于集团业务和战略主题的反思和协商机构。

3. 专家咨询委员会

专家咨询委员会由审计委员会、核承诺监督委员会、战略委员会、道德委员会、提名和薪酬委员会组成。

审计委员会由 5 名成员组成，就公司财务状况、中期规划和预算、财务部提供的财务报告、风险管理、审计和内控报告及总审计师的任命发表意见。

核承诺监督委员会成立于 2007 年 1 月 23 日，由 6 名成员组成。其职责在于审查核电设备的建设，就有关公司资产、资产援助条款和战略分配的管理等发表意见，检查指定资产的管理是否符合公司的规定。在必要时，向董事会提出建议或意见。

战略委员会由 7 名成员组成，其职责是就重大战略问题向董事会提出建议和意见，如重大战略的发展计划、战略联盟或合作伙伴、战略计划、工业和市场销售政策、战略协议、公共服务合同、研究和开发政策。

道德委员会由 6 名成员组成，其职责是确保道德问题在董事会工作和法国电力公司日常管理中予以考虑。工作内容包括审查年报和可持续发展报告等各类报告。

提名和薪酬委员会由 3 名成员组成，其职责是向董事会提出任命董事会成员的建议，将董事会主席和首席执行官的薪酬意见提交法国经济财务和工业部，并检查首席执行官的薪酬情况；向董事会提出决定公司的主要行政人员工资计算方法的建议（固定部分和可变部分／计算方法和指数）以及计算董事工资的方法，并确定执行委员会的继任者名单。

6.2.1.4 业务情况

1. 可再生能源业务

作为能源转型和应对气候变化的参与者，法国电力公司正在部署一项全球战略，旨在通过以下几个杠杆提供低碳能源：开发可再生能源、开发储能和服务、将可再生能源纳入发电机组，从而整合、创新、研发可再生能源聚合器和可再生能源电力供应。

法国电力公司是欧洲领先的可再生能源（水能、风能、太阳能、生物质能等）生产商，到 2030 年，公司的目标是将可再生能源发电机组的净装机容量从 28GW 增加到 50GW 以上（与 2014 年相比），主要是将风电、太阳能发电和水电作为其 2030 年计划的一部分。2017 年 12 月，法国电力公司宣布启动"太阳能计划"，2020—2035 年间在法国大规模开发 30GW 的太阳能装机容量。该项目总投资 250 亿欧元，将与合作伙伴共同推进。

法国电力公司计划通过以下四种方式实现这一目标：

（1）实施全球可再生能源和低碳战略，加强其在法国和全球的地位。

（2）优化设施性能。

（3）开发新项目，支持一个国家的能源转型。

（4）根据法国电力公司的国际战略，在适当的地方投资创新，按照正确的组合对最具竞争力的技术（水力发电、陆上风力发电、光伏发电）进行优先排序，从而改进最有前景但成本高昂的技术（离岸风电技术、聚光太阳能发电技术等）。

与 2016 年 22.1%、2015 年 21.9% 和 2014 年 20.8% 相比，2017 年法国电力公司电力容量组合中的可再生能源比例为 23.8%。

2. 可持续发展业务

在自然资源稀缺的背景下，循环经济的目标是通过解除对这些资源的使用，并打破提取—产出—使用—废弃的线性工业模式来应对需求的增加。在可持续发展原则的逻辑延伸中，这是一个协调增长、健康和舒适与地球极限的问题，是通过一系列操作来完成的，例如修理、重新使用和回收物体，鼓励产品的生态设计。

发电和供热是一种工业活动，而电力本身就是在自然资源转化过程中产生的。法国电力公司的综合工业模式为：作为其发电设施的设计师—建设者—运营商—退役者，法国电力公司处于有利地位，通过生态设计促进这种新经济形式的发展，提高其设施的产量和寿命，并妥善管理材料，减少由其操作产生的浪费。电力也是一种通过开发新的使用模式来改变经济的手段，这种新的使用模式（电力传输、新能源应用）在减少自然资源使用的同时，提供了更好的舒适性。

根据能源转型的要求，法国电力公司通过其价值链（企业责任的核心要素）优化利用可再生能源，并将这一领域纳入其可持续发展政策。它代表了公司利益相关者的一个非常重要的期望，其目标远远超出了单独的废物管理。循环经济的原则指导着公司的管理。法国电力公司正在开展具体行动，特别是在能量回收领域，通过促进材料和设备在主要建筑或退役场地（热电厂和核电厂）上的再利用，以及作为废物处理的一部分，从金属废料中提取生物保护元素。在未来核反应堆基本设计的过程中，考虑"设计阶段建议以促进退役"，生态设计在工程实体中变得至关重要。公司研发部成立了一个专门的小组，该小组致力于通过优化循环经济中当地多能源系统、废物和土壤管理的整合来促进资源的开发。

6.2.1.5 国际业务

1. 英国

法国电力公司在英国的活动由专注于能源供应和发电的 EDF 能源公司领导。公司还积极从事北海的油气勘探和生产。EDF 能源公司主要活跃于在英国发电、向国内和商业客户供电、向国内客户供应天然气以及建设新的核能电站和可再生能源电站。2017 年英国的总发电量为 335kWh，总供电量为 296kWh（差额主要反映输配电网络的损失）。2017 年供应英国国内用户的天然气总量为 295TWh。EDF 能源公司是英国最大的能源公司之一，也是最大的低碳电力生产商，其核电站、风电场、煤炭和天然气发电站以及热电联产厂的发电量约占全国的 1/5。

EDF 能源公司为 550 万个企业和居民客户提供天然气和电力，是英国最大的电力供应商。

EDF 能源公司正在引领英国的核复兴。它与中国广核集团有限公司（CGN）合作，开始在萨默塞特建造 Hinkley Point C 核电站，并在萨福克的 Sizewell 和埃塞克斯的 Bradwell 进一步开发新的核项目。

2. 意大利

由于法国电力公司在欧洲电力和天然气市场的重要性、与法国市场的联系以及其在地中海盆地的关键地位，意大利能源市场代表了法国电力公司的强大战略利益。与大多数欧洲能源系统一样，意大利市场目前也面临着一些挑战。由于爱迪生公司目前的地位以及其在天然气和电能价值链中的综合地位，它很好地抓住了市场变化带来的机遇，同时追求效率和盈利能力。

3. 北美

法国电力公司在北美大陆开展业务，在美国拥有强大的业务，它在北美的装机容量超过 5.3GW。它还代表第三方管理运营和维护或优化服务合同下约 36GW 的装机容量。法国电力公司在北美的活动主要如下：

（1）投资核电，涉及其在星座能源核集团（CENG）49.99% 的股份，该集团是与 Exelon 集团（美国领先的核运营商）在 3 个核电站的合资企业。CENG 的装机容量为 4GW（即法国电力公司合并的 2GW）。这 3 个核电站由 Exelon 集团运营。

（2）净容量为 4GW 的可再生能源主要通过 EDF 可再生能源公司（EDF 公司旗下 EDF Énergies Nouvelles 的美国全资子公司）管理。同样，法国电力公司可再生能源服务公司（EDF 可再生能源公司的全资子公司）通过其自身或代表第三方的运营和维护合同管理北美近 10GW 的电力。

（3）通过 EDF 北美贸易公司在北美天然气和电力市场的整个价值链进行交易，通过 EDF 能源服务公司（EDF 北美贸易公司的全资子公司）在美国和加拿大供应能源管理产品。

（4）由 Dalkia 及其子公司 Tiru 和 Groom Energy Solutions 管理的能源服务，以及当地能源和能源效率管理。

（5）作为法国电力公司创新实验室的一部分，负责研发和创新。

（6）城市街道照明。

4. 中国

法国电力公司在亚太地区的活动主要集中在中国等快速发展中的国家。在核电领域，在广东台山建造和运行 2 个第三代原子能反应堆（EPR）项目，新项目为公司提供了技术创新的机会，使其能够发挥工业专长。法国电力公司的目标是保持其在国际舞台上的竞争和技术优势，重点关注全球核计划、新兴国家的装备以及法国舰队更新的前景。

法国电力公司通过其在核技术、热力技术和水力技术方面的咨询服务已经进入中国 30 多年。如今，法国是中国发电领域最重要的外国投资者之一，投资总装机容量 2000MW 的燃煤火力发电厂。随着台山项目一期（2 个 1750MW 反应堆），法国电力公司也成为一个核电投资商，持有涉及 EPR 核电站发电项目 30% 的股份。法国电力公司自 2016 年以来一直参与中国的可再生能源发电项目建设，并正在发展伙伴关系，为核工业、可再生能源、能源服务和工程领域的投资开辟新的前景。

6.2.1.6　科技创新

法国电力公司在可再生能源和储能方面制定了雄心勃勃的研发政策，每年投资总计 8000 万欧元。研究创新计划基于四个目标：降低成本、提高成熟技术的性能和优化资源；促进重大技术突破和创新解决方案的出现；对其设施进行现代化和改造；促进可再生能源在电力系统中的整合。

6.2.2 法国输电运营公司

6.2.2.1 公司概况

作为电力系统的核心，法国输电运营公司（RTE）运营法国最大的超高压输电系统。其是法国输电系统运营商，也是欧洲最大的输电电网的所有者。公司通过保持电力供需平衡，为客户提供经济、可靠和清洁的电源供应。

为了保证电力市场顺利运行，法国输电运营公司于 2000 年成立，作为法国电力公司的一部分，然后在 2005 年成为一个完整的子公司。法国输电运营公司董事会主席由公司监事会任命，只能在向法国能源监管委员会提供合理的事先通知的情况下被免职。法国输电运营公司的主要收入取决于法国能源监管委员会规定的条款进入输电系统所需的资费。

2018 财年法国输电运营公司的收入增长了 4%，达到 48.17 亿欧元。这一增长主要得益于法国能源监管委员会（CRE）制定的 TURPE 5 关税（高压电网新输电系统接入关税）的实施。然而，由于 2018 年较 2017 年总电力消耗略有下降，而且直接连接的分散式发电显著增加，因此减少了输电系统的使用，从而减少了配电网的收入。

2018 年，法国输电运营公司通过提升电网传输效率，有效降低了公司额外的电力支出，整体电力支出下降约 259 万欧元，并提升了公司的息税前的总体收入。因此，2018 财年的净收入为 6.03 亿欧元，与 2017 年相比增长了 62%。

6.2.2.2 历史沿革

法国输电运营公司于 2000 年成立，其职能是为所有输电系统利益相关方本着公平和平等的原则维护、运营和扩展输电系统。在此期间，法国输电运营公司仍是法国电力公司附属的独立职能部门，具有独立的行政、会计和管理系统。

在 2000 年秋季，法国输电运营公司引入了一个系统，允许市场参与者在电力市场上进行各种类型的商业交易。目的是缩小预计和实际供需状况之间的差距。

2003 年法国输电运营公司引入了平衡机制，旨在最大限度地提高输电系统的经济性和效率。电力传输尽可能接近需求时间，要求发电设施和消费者快速减少或增加其负荷曲线，并选择技术上和经济上最有利的选择。这是应对输电系统故障的有效解决方案，例如突然和意外的发电厂停电故障。

在 2006 年 11 月发生停电事故后，欧洲的一部分地区陷入了黑暗。法国输电运营公司和它的比利时对手 Elia 公司于 2008 年成立了电力供给可靠性协调机构（CORESO）。其目的是通过为成员国输电系统提供日前安全分析，加强输电系统运营商之间的运营协调，提高欧洲电力供应的安全性。CORESO 现在包括法国、比利时、英国、德国和意大利的输电系统运营商。

法国输电运营公司与欧洲最大的太阳能发电设施相连，该设施由 Neoen 运营，位于波尔多附近的 300MW Cestas 太阳能电站，其使用 100 万块太阳能电池板，每年能够产生高达 350GWh 的电力。为了将这种可再生能源整合到电力系统中，法国输电运营公司建造了一个 225kV 的变电站和两条相同容量的地下线路，新变电站和发电厂之间的距离为 1.6km。

6.2.2.3 组织架构

法国输电运营公司旗下有 6 家子公司，包括国际输电运营公司（RTE International）、电网数字公司（ARTERIA）、直升机基础设施公司（AIRTELIS）、国际电气公司（iNELFE）、资产公司（RTE IMMO）和服务公司（CIRTEUS）。法国输电运营公司组织架构见图 6-6。

图 6-6　法国输电运营公司组织架构

（1）国际输电运营公司（RTE International）主要负责电力基础设施的维护、实施立法改革、发展智能电网等。基于全世界电网的所有参与者都面临着需要解决的复杂问题，该公司提供来自专业 RTE 部门的工程师和高级技术人员的专业知识，提出有关最新创新和技术支持任务和指导的培训、研讨会。自成立以来，国际输电运营公司已在 30 多个国家开展业务，已成功实施了 100 多个项目，部署了 250 多名专家，还与约 15 个国家的同行签署了合作协议。

（2）电网数字公司（ARTERIA）主要承担在法国大都市以及海外地区构建由电网支撑的光纤链路的任务。借助其具有优势的高点资源，能够在法国输电网络运营商（RTE）的挂架上为电信运营商托管天线。

（3）直升机基础设施公司（AIRTELIS）主要负责为高压和超高压电力系统提供支持工作。它们适合执行难以进入地区的紧急任务，如恢复偏远村庄的电力供应；还可用直升机检查电力线路，以及进行电力线路提升等操作。

（4）国际电气公司（iNELFE）是国际输电运营公司及其西班牙同行RedEléctricadeEspaña 公司共同创立的合资公司，成立于 2008 年，目的是在法国和西班牙两国之间建立电气互联。

（5）资产公司（RTE IMMO）成立于 2013 年，旨在发展成为房地产商，代表法国输电运营公司提供房地产服务。

（6）服务公司（CIRTEUS）于 2014 年 9 月在 2004 年 8 月 9 日颁布的法律和第三项欧洲指令的框架内成立，在竞争框架内依托法国输电运营公司的技能和专业知识提供开发设计和指导服务。这些服务包括高压和超高压设备（HTB）以及相关仪表和控制系统的维护、操作和开发，以及电力市场运营中提供的培训服务。

6.2.2.4 业务情况

法国输电运营公司的业务远远超出了"输电"一词的含义。由于电力只能以有限的数量存储，因此需要在产生电力后立即使用。作为电力系统的核心企业，法国输电运营公司有责任保持供需平衡，并为客户提供经济、可靠和清洁的电源供应。

1. 确保电力设施良好运行

法国输电运营公司拥有接近 10.5 万 km 的电力线路和 2710 个变电站，维护输电基础设施每天 24 小时和每周 7 天供电至关重要。这项工作由法国输电运营公司的工作人员执行，他们在进行预防性维护时，即使检测到最轻微的问题，也会进行维修。这种维护越来越多地使用创新的工具和方法。例如，法国输电运营公司具有最先进的电信系统，这是输电系统安全的先决条件；它还使用机器人和无人机来改进架空电力线检查。

2. 电网升级

法国输电运营公司不断升级其网络，对扩大集聚区的现有电力线路进行评级；建立新的跨境连接，以最大限度地提高欧洲输电系统的效率；将新的风电机组连接到电网；提高电源质量，帮助工业消费者保持竞争优势等。法国输电运营公司在继续开发和升级电网的同时，寻求满足客户需求的方案。在未来十年，公司将每年花费近 140 万欧元用于电网改造。

3. 电网实时监控

为了保持供需实时平衡,法国输电运营公司在电网中提供不间断电流。持续监控来自国家控制中心和区域负荷调度中心的输电系统信息,每秒处理 40000 位数据。基于这种实时监控公司可以立即作出基于物理和经济参数的决策,始终寻求最有利的解决方案并确保电网的可操作性。

4. 设计市场机制

正在运行的市场机制使得在法国和欧洲使用最具竞争力的能源成为可能。资源的最佳利用需要与欧洲同行密切合作。法国输电运营公司不断寻求在电力系统内保持领先的方法。用于改善电力系统运行的解决方案是市场机制,其通过发出经济信号来影响整个电力价值链。这些机制支持系统的供应和经济优化的安全性同时还促进其他减少功率损耗的方式。这些机制的控制和设计使法国输电运营公司对整个电力系统及其利益相关者(无论是生产者、消费者还是贸易商)负责。这种专业服务对于法国输电运营公司不断适应高度发展的环境至关重要,这里环境的定义是间歇性可再生能源的发展、用电量的不断增加以及信息和通信技术的应用。

6.2.2.5 国际业务

欧盟支持建立单一市场,以加强和控制欧洲的电力系统。其架构的设计使参与者(输电系统运营商、发电公司、分销商、电力交易所等)可以进行交易,优化其投资组合,管理风险,提前规划其定位等。简而言之,为消费者有效地运营发电厂和电网。作为法国输电系统运营商,法国输电运营公司负责与欧洲同行一起维护该市场的技术和经济机制,为欧洲电力市场提供物理框架。首先,此事项关乎通过拓展跨境联系并确保其效能,从而构建物理交换的框架。法国已有 48 个跨境连接线,法国输电运营公司管理多个新线路项目。

第一个大型项目于 2015 年投入运营,即法国和西班牙之间的互联线,位于比利牛斯山脉以东。这条新的直流线路长度超过 65km,完全建在地下,在多个领域实现技术第一。该互联线使两国之间的电网互联能力翻倍,提高了供应安全性并可优化利用伊比利亚风电场。法国输电运营公司与西班牙同行 REE 公司共同实施这些工程,并成立了一家合资公司——国际电气公司(iNELFE)。

2013 年,法国输电运营公司与意大利同行 TERNA 公司一起建设了 Savoie-Piémont 直流线路,长度 119km,完全建在地下。目的是为法国和意大利之间的电力容量饱和提供可持续的解决方案。从 2019 年开始，这条新线路和现有电网的改进将使当前的互联容量增加 60%。

法国输电运营公司还与英国一起建设其他跨境电网项目，分别在西班牙比斯开湾、比荷卢经济联盟国家以及德国和瑞士。

6.2.2.6　科技创新

法国输电运营公司目前关注能源转型，研究和创新促进了智能电网的发展——从架空电网到地下电网再到智能电网，这一直是欧洲输电系统变革的驱动力。

众多创新为变革带来了巨大的前景。由于材料、应用数学、尖端信息技术、电信和电力电子等领域的应用，电力系统技术持续发展。通过在电网中集成更多的通信和技术，智能电网将成为转型的关键驱动力，最终将使电力市场的参与者能够以欧洲电网的最佳方式进行互动。

法国输电运营公司的业务领域从运营到维护，从工程解决方案到决策支持工具的开发，从电力市场流动模拟器到电网流动模拟器。此外，在社会学和环境领域的研究有助于公司在咨询阶段，在网络基础设施发展之前更好地理解与利益相关者的所有互动，从而以尽可能以最好的方式实现客户的期望。

6.3　碳减排目标发展概况

6.3.1　碳减排目标

法国是《巴黎协定》的主要牵头国家，2015 年首次提出《国家低碳战略》，颁布《绿色增长能源转型法》，公布了绿色增长与能源转型计划。法国是最早采用"碳预算"的国家之一，通过明确温室气体排放上限确保减排进展的可见度。2020 年，法国修订《国家低碳战略》法令，明确 2050 年实现碳中和目标，并先后出台建筑、农林业、废弃物等领域若干配套政策措施，为产业结构调整、高耗能材料替代、能源循环利用等低碳目标保驾护航。此外，《多年能源规划》（PPE）、《法国国家空气污染物减排规划纲要》等政策也为法国实现节能减排、促进绿色增长提供了有力保障。

6.3.2　碳减排政策

为落实《巴黎协定》中到 2050 年实现碳中和的目标要求，法国政府于 2017 年 6 月正式提出气候计划，启动了《国家低碳战略》和《多年能源规划》的修订工作，并制定了法国政府未来 15 年内实现能源结构多样化和温室气体减排目标的行动蓝图。

为保障计划的顺利实施，2019 年 4 月 30 日法国提出了《能源与气候法》草案。草案设立了四项主要目标：①将能源政策和气候目标结合起来；②加强气候政策治理，气候高级委员会（由科学家和专家独立组成，直接由总理领导）对气候政策治理的贯彻落实享有法定监督权；③确保在2022 年 1 月 1 日前通过价格调整驱动，实现停止用煤发电；④采取多种措施支持能源结构实现加速转型。

2019 年 9 月 26 日，对法案草案进行了两处主要修改：①规定从 2022年 12 月 31 日起，在法国销售的油电混合车辆发动机必须安装 E85 超级乙醇套件（即要求乙醇燃料和汽油或其他碳氢化合物的燃料混合物体积配比约为 85：15）；②对高能耗住房的温室气体减排改造计划进行了具体修订，例如能源绩效考核、租金收取标准和能源审计程序等。

法国参议院对法案草案进行了六处修改：①明确 2028 年水电、海上风电和沼气开发利用的份额要求；②设定到 2030 年低碳和可再生氢在总氢消耗量和工业氢消耗量中的份额目标；③对高能耗住房能耗认定设立能耗阈值，超过阈值的将在法律层面被认定为不合格房屋；④将法国在《联合国气候变化框架公约》框架内的承诺纳入《能源计划》必须遵守的目标之中，并设立碳预算制度；⑤规定气候高级委员会有权评估能源项目或拟议法律，与碳预算制度兼容并行；⑥促进社会住房组织推进"廉租房"项目建设。

经宪法委员会审查通过后，法国《能源与气候法》于 2019 年 11 月 8日正式颁行。法案确定了法国国家气候政策的宗旨、框架和举措。法案宗旨在于应对生态和气候紧急情况，并将在 2050 年实现碳中和的政策目标固化为法律。

6.3.3　碳减排目标对电力系统的影响

6.3.3.1　碳减排目标对电网侧的影响

据外媒报道，法国电网运营商计划部署一个电网规模的储能试点项目，该项目用来评估电网规模储能系统如何减轻法国电网运营商法国输电运营公司的电网拥堵，并为储能系统在未来十年获得更多的市场机会铺平道路。

这个项目由法国能源厂商道达尔、Nidec ASI 和 Blue Solutions 三个利益相关方共同实施，将在法国输电运营公司的 RINGO 电网项目中部署总容量为 32MW/98MWh 的三个储能系统。这三个储能系统的部署工作将从 2020 开始，而采用储能项目减少电网拥塞的效果评估工作将持续到 2023 年，在评估之后将会将其对外出售。

6.3.3.2 碳减排目标对电源侧的影响

2021 年法国可再生能源容量增加约 4000MW，使年底的总容量达到 59780 MW。根据法国可再生能源协会（SER）的数据，太阳能发电在 2021 年贡献了 2.68 GW，仅 2021 年第四季度就增加了 761 MW。截至 2021 年年底，法国的太阳能发电能力累计达到 13060MW。2021 年法国的可再生能源部门度过了美好的一年，该部门的产能增加了 3951MW。太阳能发电贡献了主要份额，增加了 68%。

6.3.3.3 碳减排目标对用户侧的影响

2020 年 4 月，法国政府发布了新的《多年能源规划》（PPE），该计划的目标是到 2023 年实现 20.1GW 可再生能源发电装机，到 2028 年实现 44GW 可再生能源发电装机。为实现既定目标，政府计划于 2024 年前每年对地面光伏发电项目进行两期招标，每期最高 1GW；每年对屋顶太阳能项目进行三期招标，每期最高 300MW。根据数据显示，截至 2020 年，法国分布式光伏发电系统建设规模为 4.03GW，预测至 2025 年将达到 11.91GW，年均复合增长率约为 24.21%。

6.3.3.4 碳减排目标对电力交易的影响

自 2005 年 1 月 1 日起，法国参加了欧盟碳排放交易体系（EU ETS）。欧盟温室气体排放配额交易制度是欧盟气候变化政策的基石，也是以经济上有利的方式减少温室气体排放的重要工具。EU ETS 也是世界上最大的碳交易市场。

从 2013 年开始，拍卖方法一直是分配排放配额的默认手段。在法令规定的限额内，津贴以透明的方式在交易所交易，遵循"污染者应付费"原则。

自 2013 年以来，作为欧洲能源交易所（EEX）平台的拍卖商之一，法国财政部下属的国库署（AFT）监督了法国温室气体排放配额拍卖的结算。

2021 年，法国的明确碳价格包括碳排放交易系统（ETS）许可证价格和碳税，涵盖能源使用产生 CO_2 排放量的 67.3%。总的来说，法国能源使用产生的 CO_2 排放量的 78.6% 在 2021 年定价，自 2018 年以来保持不变。燃料消费税是一种隐含的碳定价形式，涵盖了 2021 年排放量的 60.3%，与 2018 年的 60.2% 基本保持不变。

6.3.4　碳减排相关项目推进落地情况

1. 推动《巴黎协定》行动

（1）推动环境立法。《全球环境公约》是由法国宪法委员会主席和巴黎气候大会主席劳伦·法比乌斯（Laurent Fabius）发起的一项倡议，其目的是推动《全球环境公约》，已于 2017 年 6 月完成公约草案。

（2）社会动员。法国各政府部门将参与实施气候行动计划，并让公民和消费者以创新方式监督气候计划。同时透过"让地球再次伟大"平台动员，持续鼓励以最具创新和最具象征性的项目实施气候计划。为使法国公民采取气候行动，生态部于 2017 年 9 月通过环境与能源管理局（ADEME）和生物多样性局 (AFB) 发起"参与式预算"行动。

2. 提高所有法国公民的生活品质

（1）依据生态税，购买更环保的新车或二手车，淘汰不符合 Crit'Air 标准的车辆（1997 年前汽油车和 2001 年前柴油车），政府将提供换车的转型补助。

（2）10 年内消除能源贫困。目前法国约有 700 万能源贫困家庭，对这些家庭，能源费用为家庭第二大支出。政府将投入 40 亿欧元协助能源贫困家庭改善建筑隔热等，在 10 年内消除能源贫困。

（3）消费者承担更多的责任。法国有 14000 户以上的家庭能够自产自销电力，这就是负责任的消费。政府将支持社区或农村地区自产自销可再生能源，如沼气、太阳能等。

（4）将循环经济列为能源转型的核心，最终目标为 100% 循环。目前由于废弃物的回收利用，法国每年减少 2250 万 t 的 CO_2 排放。回收 1t 的废弃物将比丢弃这些废弃物多出 30 倍的工作机会。为协助法国公司采取气候行动，特别是中小企业，政府将协助其节能和节省材料。

3. 终结化石燃料，实现碳中和

（1）加速可再生能源发展，生产零碳电力。法国将提高碳价格，促使现有的燃煤发电厂于 2022 年前关闭或改为低碳的发电方式。另外，将加速可再生能源的发展，包括陆域和离岸风能、太阳能、海洋能、地热能、沼气等。

（2）将化石燃料保留在地下。法国将停止核发新的油气开采许可，并适用于非传统化石能源，包括页岩油气。法国到 2040 年将不再生产石油、天然气及煤炭，将化石燃料保留在地下。

（3）提高碳价格，反映污染源的真正价格。法国政府将进一步提高碳价格（2030 年原定 100 欧元 /t），在 2022 年整合柴油税和汽油税。此外，将扩大征税范围，纳入氢氟碳化合物（HFCs），以促使企业改用替代品。此外，法国为支持巴黎气候大会推出碳定价领导联盟，该联盟目标为确保 2020 年全球排放量的 25% 涵盖在碳价格下，到 2030 年提高至 50%。

6.4 储能技术发展概况

《能源转型法》（ETL）为法国的可再生能源设定了雄心勃勃的 2030 年目标，即 32% 的最终能源消耗和 40% 的能源生产（目前为 18.4%）依靠可再生能源。《能源转型法》将储能作为实现环境政策目标的必要手段。

在法国，除抽水蓄能外，储能技术的应用仍然有限。但法国能源监管委员会（CRE）最近发布的预测报告称，到 2030 年，将实现储能能力在 1～4GW 之间。储能成本正在下降，而能源结构中的可再生能源正在增加，为储能提供了有利的发展机会。然而，法国的储能项目面临着一些法律和商业挑战。

目前的监管框架允许储能，但没有为其发展设计法律框架。法国能源法规仅三次提及储能，并没有提供一个坚实的法律框架。

此外，在某些情况下，储能设施的发展也受到阻碍。例如，输配电系统运营商将独立的存储设施（不与发电共处一地）视为从电网获取电力的消费者；作为生产商，当它向电网注入电力时，导致接入电网需要支付双倍费用。另外，电力生产的上网电价制度过去倾向于将电力直接注入电网，而不是储存起来。尽管储能是清洁能源转型和实现《能源转型法》中设定的宏伟目标的关键驱动力，但这两个因素都阻碍了法国储能市场的出现。

因此，当前法国很有必要建立一个适当的法律框架，特别是考虑到即将推出的新项目的数量。例如，法国电力公司提出了一项主要的电力存储计划，目标是到 2035 年成为该领域的欧洲领导者。另外，Grid Motion 项目由 PSA、Direct Energie 和 Enel 等发起，以开发车辆到电网技术，使用电动汽车的二次电池。雷诺公司还启动了其先进的电池存储项目。

法律框架正在形成，例如，TURPE 5 关税的颁布和实施让能源密集型行业使用存储减少了 50%，并加强了高峰消耗时间和低消耗时间之间的费率差异，目的是控制高峰消费，发展分散的可再生能源生产和自用。

然而，这些监管发展并不能满足法国储能市场的需求。适当的监管框架需要为储能运营商提供可见性，并允许出现一种或多种经济模型，以确保投资的盈利能力。电力市场设计指令被认为是在创建定义这种协调的框架并对其进行重新启动。

6.5　电力市场概况

6.5.1　电力市场运营模式

6.5.1.1　市场构成

法国电网主要按照大区进行划分，共分为 13 个大区，分别为奥弗涅—罗讷—阿尔卑斯大区、奥克西塔尼大区、大东部大区、新阿基坦大区、普罗旺斯—阿尔卑斯—蓝色海岸大区、上法兰西大区、布列塔尼大区、中央—卢瓦尔河谷大区、勃艮第—弗朗什—孔泰大区、卢瓦尔河地区大区、诺曼底大区、法兰西岛以及科西嘉大区，截至 2018 年，各大区发电量占比见图 6-7。

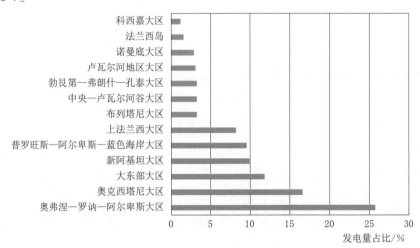

数据来源：彭博金融数据终端。

图 6-7　法国各大区发电量占比

6.5.1.2　结算机制

欧洲电力现货交易所（EPEX SPOT）是欧洲最大的电力现货交易所之一，运营着法国、德国、奥地利和瑞士等八个国家的电力现货市场。法国是由两种电力结算系统组成，分为日前市场和日内市场两种交易市场。日前市场是一次性的竞价市场，每日正午竞价，全年无休，交易细分为每个小时的产品，日前市场的竞价出清价格是大部分电力金融衍生品的对标指数。日内市场是连续交易，可以交易比一个小时更细分的交易产品。

6.5.1.3　价格机制

法国销售电价根据用户容量和电压等级进行定价。根据国家的电源结构和用户的实际情况按照对系统的容量成本和用电量成本的影响程度，以及用户的报装容量对用户进行分类。以此为标准根据用电规模等级的改变，加入适当的负荷率因素。实行分时、分季节电价。可分为蓝色电价、黄色电价以及绿色电价三大类，各大类又按照用电条件分为若干个小类，每类用户有多种电价供自己选择，用户也可以根据自己的用电特点选择电价。

蓝色电价，主要适用于36kVA及以下的居民、农村和小工商用户，分为小用户电价、普通电价、低谷电价、削峰电价和季节电价，同时，3kVA容量以下的用户只能选择小用户电价。

黄色电价，适用于认购容量在36～250kVA的用户和认购电量不足36kVA，但又不满意蓝色电价的用户。黄色电价包含普通电价和削峰电价两种。普通电价选择根据用户使用量划分为较短利用和较长利用两类，以2400小时为标准，一般冬季电价高于夏季电价，高峰电价比低谷电价要高。冬季高峰时段的电价也比普通电价高出3～4倍。

绿色电价，适用于容量大于250kVA的大用户，该电价为用户提供普通电价、削峰电价和调块电价三种方式。绿色电价按用户大小分为A、B、C三类，其中A类用户又按时段分为A5和A8，电价A适用于需求量在10MVA以下，电价B适用于需求量在10～40MVA之间的，电价C则大于40MVA。电价A和电价B的价格等级在全国相同，电价C根据用户实际负担的电价，参考当时的供电条件和供电特点进行调整。法国电价分类见表6-2。

表 6-2 法 国 电 价 分 类

电 价 分 类		用户容量 /kVA	电压等级
蓝色电价	小用户电价	3	低压
	普通电价	6~36	低压
	低谷电价	6~36	低压
	削峰电价	12~36	低压
	季节电价	18~36	低压
黄色电价	普通电价	36~250	低压
	削峰电价	36~250	低压
绿色电价 A5	普通电价	250~10000	中高压
	削峰电价	250~10000	中高压
绿色电价 A8	普通电价	250~10000	中高压
	削峰电价	250~10000	中高压
	调块电价	250~10000	中高压
绿色电价 B	普通电价	10000~40000	中高压
	削峰电价	10000~40000	中高压
	调块电价	10000~40000	中高压
绿色电价 C	普通电价	>40000	高压超高压
	削峰电价	>40000	高压超高压
	调块电价	>40000	高压超高压

资料来源：法国电力公司（EDF）。

法国的电价政策和方案制定由电力公司的经济研究局负责，政府管理部门对电价的政策和方案进行全面考核和评估，通过听证会进行民意测验，根据调查结果与电力公司协商，最后由政府对电价进行审批，并给予电力公司一定的调整空间。在实际电价执行和操作中，如果电价超出规定范围，必须由国家电力部门和企业研究部门双方联合协商方能批准。另外，国家物价委员会和电力管理委员会是电价制定的间接管理者，他们对电价的变动具有建议的权利，向政府主管部门提出更改意见，由政府相关部门进行调查和决定。电力管理委员会由政府和企业有关人士和工人代表组成，是国家对电价进行咨询的主要部门。物价委员会由消费者和企业经营者构成，国家财务部门对电价的咨询主要依赖于他们。

除此之外，法国对电价的监管归属于竞争、消费以及反欺诈总局，在全国范围内设立大区局和监管部门，其管理和业务都归总局直接领导。反欺诈总局人、财、物高度集中统一，实行垂直化管理，不受地方干扰。法国电力价格监督检查有以下特点：

（1）监管人员权力大。例如在法院批准的情况下，可以检查企业的所有设施，查封企业的文件资料，并停止其相关业务。若企业妨碍管理人员执行公务，将受到法律和经济的双重处罚。

（2）监管人员素质高，要求必须为法国A类公务员，并且在专业知识、文化程度与工作经验方面有较高的要求。

6.5.2　电力市场监管模式

6.5.2.1　监管制度

法国的电力监管是通过政府与法国电力公司签订的行政合同对电力行业和电力市场进行监管。一是规定其在电价方面可取得的社会期望的价格，保证企业的正常运营，但不允许借垄断地位获取超额利润；二是促进企业降低成本，提高经济效益；三是利用合同管理来控制审批投资和电价。

6.5.2.2　监管对象

法国电力系统的主要监管对象为法国电力公司（EDF），在欧盟改革前，它是法国唯一一家电力公司，集发电、输电以及配电业务于一身。为了防止垄断，法国政府在欧盟框架下将法国电力公司进行了拆分。目前，法国电力公司依旧保留了它最主要的发电业务，也是法国国内唯一一家发电公司，除此之外，其输电业务在2000年被剥离，成立了法国输电运营公司（RTE）。

6.5.2.3　监管内容

1. 价格监管

法国在市场开放中实行了管制价格和市场价格并行的方式。针对具有选择权的用户，其可以选择接受市场价格或者监管价格。前者可以自由选择供电商并与之协商购电价格，后者仍由法国电力公司提供电力并接受由政府规定的标准电力定价。同时，为了保障市场公平，维持正常市场秩序，法国能源监管委员会对电力交易实施了价格管制，要求供电商必须保证电力供应与服务质量，并且要求不能以任何理由对居民生活用电实行限电停电，除非明确发现居民属于恶意欠费。

2. 市场建设监管

与其他西欧国家的电力市场不同，法国主张通过政府层面的宏观干预指导与市场机制相结合，由法国能源监管委员会每年对电力市场需求进行预估，并根据预估结果调整发电市场，但同时保留电力公司新增发电容量机组建设的权利，以此来对市场提供安全、高效、稳定的供电服务。

3. 市场公平监管

电力改革后，配电业务的经营权被分配到了不同的企业，而这些企业大多数不具备运营配电业务的经验，因此很长一段时间经营成本居高不下。但由于电力市场的特殊性，受监管电价需要保持足够的低价以满足全民的用电需求，但低电价又会导致配电企业利益受损，最终破产，导致输配电业务又重新回到大企业垄断的格局，因此法国能源监管委员会提出，为了保障市场公平竞争，允许政府通过收取用户公共服务基金来补偿企业损失。

第7章

芬 兰

7.1 能源资源与电力工业

7.1.1 一次能源资源概况

由于气候寒冷，芬兰取暖的能源需求较大，而且还拥有纸及纸浆产业等高能耗产业。芬兰人均一次能源消费量与德国相比多 60% 左右，在全球位居前列。

芬兰是一个净能源进口国，除了泥炭之外，它没有任何重要的化石燃料的国内储备，如果没有补充进口，它的发电量不足以满足需求。芬兰超过 50% 的煤炭进口来自俄罗斯，其他煤炭供应商包括澳大利亚、南非、印度尼西亚、中国和波兰。芬兰消耗的天然气来自俄罗斯。芬兰没有自己的化石燃料（煤、石油或天然气），但它有生物燃料，包括丰富的泥炭储备和广泛的木材资源。泥炭作为本土燃料对区域政策有相当大的影响，增加了能源供应的就业和安全。

泥炭沼泽覆盖了芬兰总面积的 1/3，但芬兰只从泥炭中获得了相对较小比例的能源。泥炭目前约占芬兰一次能源总供应量的 6%~7%，其中包括市政和工业场所较小的热电联产设施的 18%~20% 的能源投入。芬兰有 40 家发电厂使用泥炭，或泥炭和木材废料的混合物。泥炭也是该国内陆地区常用的家庭取暖燃料，芬兰近 10% 的人口居住在使用泥炭燃料加热的房屋中。

根据 2023 年《BP 世界能源统计年鉴》，芬兰一次能源消费总量达到 1.18EJ，其中石油消费量达到 0.36EJ，天然气消费量达到 0.07EJ，煤炭消费量为 0.13EJ，核电消费量为 0.22EJ，水电消费量为 0.15EJ，可再生能源消费量为 0.25EJ。

7.1.2 电力工业概况

7.1.2.1 发电装机容量

截至 2023 年年底，芬兰发电总装机容量为 17153MW。其中化石能源占比最高，为 34%，装机容量为 5784 MW；可再生能源装机容量占 32%，位于第二，装机容量为 5408MW；水能占比为 18%，装机容量为 3167MW；核能占比 16%，装机容量为 2794MW。详细装机容量见图 7-1。

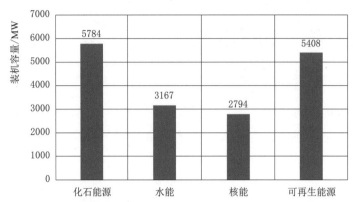

数据来源：芬兰能源部。

图 7-1　芬兰 2023 年各类型发电装机容量

7.1.2.2 发电量及构成

芬兰的能源生产比较多元化，其中最有特色的是利用当地廉价的木屑、泥煤资源发电。截至 2023 年年底，芬兰总发电量为 79.84TWh，其中核能发电量最大，占 42%，发电量为 33.92TWh；水能发电量第二，占比为 19%，发电量为 15.11TWh；风能发电量占比为 18%，发电量为 14.63TWh。2023 年各类型发电量见图 7-2。

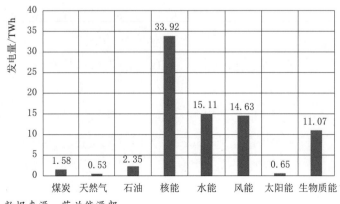

数据来源：芬兰能源部。

图 7-2　芬兰 2023 年各类发电量

7.1.2.3 电网结构

芬兰的电力系统包括发电厂、全国输电网、区域输电网、配电网和电力消费者。芬兰的电力系统与瑞典、挪威和丹麦东部的系统一起构成了北欧电力系统的一部分。此外，瑞典与芬兰之间有 5 回联络线，包括 2 回 400kV 交流线路、1 回 220kV 交流线路、1 回 110kV 交流线路、1 回 400kV 直流线路，总输电容量 1530MW。挪威与芬兰之间有 1 回 220kV 交流线路，输电容量 100MW。还有来自俄罗斯和爱沙尼亚的芬兰直接传输线路，芬兰与俄罗斯电网之间有 2 回 400kV 交流线路加直流背靠背和 2 回 110kV 交流线路，总输电容量 1160MW，主要是俄罗斯向芬兰以长期合同形式送电。类似的，北欧系统通过直流传输线路连接到欧洲大陆的系统。

芬兰输电运营商负责芬兰输电网的运行。输电网是覆盖整个芬兰的高压干线网络。主要发电厂、工业厂房和区域配电网连接到电网。芬兰国家电网公司管理的输电网包括约 4600km 的 400kV 输电线路，2200km 的 220kV 输电线路，7600km 的 110kV 输电线路，116 个变电站。

7.1.3　电力管理体制

芬兰电力部门政策侧重于确保能源供应，实现欧盟共同的能源和气候目标。此外，芬兰电力市场已逐步放开并开放竞争。自 1998 年以来，消费者已经能够自由选择电力供应商。传统上，供应安全和有竞争力的电价被视为芬兰电力市场的重要目标。芬兰电力市场的特点还包括北欧气候的影响、它的地理隔离及用电量相对较高，其目标是促进可再生能源。

芬兰主要的电力管理机构由芬兰能源管理局、就业和经济部、经济发展及运输和环境中心、竞争和消费者管理局组成。

芬兰能源管理局是管理芬兰电力部门的主要机构。就业和经济部负责制定影响电力部门的立法。经济发展及运输和环境中心负责监督相关的环境许可证，并与中央政府合作，以防止对环境的破坏。竞争和消费者管理局负责监督电力行业中出现的竞争法问题。

7.1.4　电网调度机制

7.1.4.1 调度特点

北欧四国虽然属于同一个电力市场，但是各自拥有一个由国家控股的电网公司，负责本国输电电网的运行管理。在芬兰电网公司中设有国家电网调度机构，负责调度 220kV 及以上电网以及跨国联络线的运行。国家电网调度机构对本国电力系统的安全运行负责，负责通过北欧电力市场平衡市场调节供需，购买电力系统运行所必需的辅助服务，以保证电力系统的安全和电能质量。

7.1.4.2 调度机构

芬兰国家电网（Fingrid）是芬兰唯一的国家输电运营商，也是国家调度中心。自 2011 年以来，芬兰一直持有该公司的控股权。芬兰设有国家电网公司调度中心（系统控制中心）、地区输电网运行控制中心和配电网运行控制中心三级调度机构，各级运行控制中心分别隶属于各自公司的运行部管理。各级之间既无资产关系也无直接或间接的行政关系，只有调度关系和业务联系。

7.2 主要电力机构

7.2.1 芬兰国家电网

7.2.1.1 公司概况

芬兰国家电网（Fingrid）负责芬兰高压输电系统的电力传输其全国电网是芬兰电力系统不可分割的一部分。其输电网覆盖整个芬兰的高压干线网络，主要发电厂、工业厂房和区域配电网连接到该输电网。

芬兰国家电网负责规划和监控芬兰输电系统的运行、维护和开发。该公司还将为 ENTSO-E、欧洲输电系统运营商网络、欧洲电力市场准备和系统运行规范以及欧洲网络规划作出贡献。

芬兰国家电网 2018 年的营业额为 8.528 亿欧元。由于电力消耗增加，电网收入增加至 4.232 亿欧元，用电量为 87.4TWh。芬兰国家电网向其网络输送了 68.6TWh 的电力，这是芬兰总电力传输的 75.5%。

7.2.1.2 组织架构

芬兰国家电网在 2018 年年底雇用了 380 名人员，包括临时雇员，常任人员数为 327 人，主要由电网服务和规划、资产管理、电力系统运行、系统开发、电力市场发展、财务、人力资源以及信息通信八个部门组成。其具体组织架构见图 7-3。

图 7-3 芬兰国家电网组织架构

（1）电网服务和规划：主要任务包括电网服务、电网规划、土地利用和环境、电力系统规划技术。

（2）资产管理：主要任务是输电网的维护和发展，目标是在整个生命周期内以最佳方式管理芬兰国家电网的电网资产（变电站、输电线路、电信设施和备用电厂）。

（3）电力系统运行：主要任务包括电力系统运行、维持电力平衡、采购储备金、制定停电计划、故障排除和系统开发，作为公司级电力系统和信息系统技术以及安全问题的专业中心。

（4）系统开发：负责公司内部管理系统开发、维护、更新，确保公司内部网络系统安全、畅通。

（5）电力市场发展：主要负责芬兰和欧洲电力市场的发展。

（6）财务：主要负责公司财务、审计等相关事务。

（7）人力资源：主要负责员工培训、招聘等相关事务。

（8）信息通信：主要负责公司各部门之间通信系统的维护。

7.2.1.3 业务情况

1. 经营区域

芬兰国家电网主要负责芬兰国内的输电业务，此外还负责规划和监控芬兰输电系统的运行、维护和开发，并服务于欧洲的输电系统。

2. 业务范围

2014—2018 年芬兰电网的输电量情况见表 7-1。芬兰的输电系统包括超过 1400km 的 400kV、220kV 和 110kV 输电线路以及 100 多个变电站。芬兰 2018 年的用电量比 2017 年增加了约 2%。2018 年共消耗了 87.4TWh 的电力。

芬兰电力进口量和国内发电量之和足以满足 2018 年的高峰用电量。2018 年 2 月 28 日，每小时用电量达到最高，此时消费量达到至 14.06GW。国内生产电力消费量峰值为 10.6GW，其余 3.46GW 是从邻国进口的。

表 7-1 　　　　　　　　　　2014—2018 年芬兰电网的输电量情况

年份	芬兰的用电量 / TWh	芬兰电网的输电量 / TWh
2014	83.4	67.1
2015	82.5	67.9
2016	85.1	68.5
2017	85.5	66.2
2018	87.4	68.6

数据来源：Fingrid 官网。

7.2.1.4 国际业务

2018 年夏季干旱，水资源短缺加剧了北欧国家的电价上涨。北欧电价上涨增加了从俄罗斯到芬兰的输电量。2018 年，芬兰和瑞典之间的电力传输主要是从瑞典进口到芬兰。在芬兰和爱沙尼亚之间的电力传输中，重点是春季和秋季爱沙尼亚输电到芬兰，过渡期电力也会从芬兰传输到爱沙尼亚。市场受到电力流向转变的影响，每日和每周的流动方向根据市场情况而变化。

与 2017 年相比，2018 年从俄罗斯进口的电量增加，进口的日内波动幅度很大。瑞典和芬兰之间输电线路的计划中断量比 2017 年多。详细电量见表 7-2。

表 7-2 　　　　　　　　　　芬兰 2014—2018 年进出口电量

年份	电量 /TWh							
	瑞典		爱沙尼亚		挪威		俄罗斯	
	出口	进口	出口	进口	出口	进口	出口	进口
2014	0.15	18.1	3.6	0.05	0.1	0.1		3.4
2015	0.2	17.8	5	0.05	0.1	0.1	0.02	3.9
2016	0.3	15.7	3.1	0.7	0.1	0.2		5.9
2017	0.4	15.6	1.7	0.9		0.3		5.8
2018	1	14.5	2.4	0.9	0.1	0.2		7.9

7.2.1.5 科技创新

芬兰国家电网在研发上的投资显著增加，达到 360 万欧元。公司在电网资产管理和电网开发方面进行了大量研发投资，占研发总成本的 57%，投资的 25% 用于促进电力市场的运作，16% 用于提升运营安全管理，其余成本分散在几个不同的项目中，包括变电站状态管理的数字化，例如用于设备状态监测的低成本传感器和智能分析。其他的研究和开发方案包括开发灵活市场，以及开发符合欧洲电网规范的计算方法，以向市场提供传输能力。此外，公司还参与了北欧的研发合作，以确保未来北欧电网的可靠性。

7.3 碳减排目标发展概况

7.3.1 碳减排目标

在欧洲可持续发展网络年度会议上，芬兰政府宣布了比欧盟更加激进的可持续发展政策和目标，即到 2030 年实现芬兰社会保障、经济和生态的可持续发展，在 2035 年实现碳中和，即通过植树、使用再生能源、购买碳汇等方式，完全抵消芬兰所排放的 CO_2。为实现碳中和，芬兰必须在 2035 年之前将碳排放量减少至 1990 年的 70%。

7.3.2 碳减排政策

在欧洲可持续发展网络年度会上，芬兰政府公布激进政策目标：2030 年达成社保、经济与生态可持续发展，2035 年实现碳中和（靠植树、可再生能源、购买碳汇抵消排放），且此前须将碳排量减至 1990 年的 70%。芬兰各政府部门已经积极制定了各行业领域的低碳路线图，包括低碳措施涵盖的具体领域、技术解决方案潜力及评估、研究与开发资金需求及分配等内容，成为芬兰政府更新气候和能源战略及中期气候计划的重要参考。

但在法律层面，芬兰在国家层面并未出台相关的强制性法律来支持其碳中和目标。相比国家政府，芬兰的地方政府则显得更加激进。首都赫尔辛基市早在 2018 年就提出了具体的碳中和目标和行动计划，称为《赫尔辛基碳中和 2035 行动计划》，对赫尔辛基碳中和现状、目标及多个部门的关键性减排行动进行了详细介绍，并预测了 2030 年和 2035 年的碳中和进展。该计划包括 8 个方面共计 147 项行动，其中交通运输方面有 30 项，建筑方面有 57 项，另外还有 60 项涉及消费、采购、共享、循环经济、碳汇、碳补偿等方面。

在 2020 年，芬兰全国的碳排放量比上一年减少了约 16%。但也有专家指出，这一减少大多来自于因新冠疫情造成的生产活动减少，而非主动性减排。在减排措施方面，芬兰做得还远远不够，国家层面暂未有具体的政策支持。除非所有部门迅速采取新的减排措施，否则芬兰到 2035 年实现碳中和的目标将无法实现。

7.3.3 碳减排目标对电力系统的影响

在芬兰《国家能源和气候计划》（NECP）中，芬兰宣布了 2030 年可再生能源占最终消费总量的 51% 的国家目标。

到 2035 年，其年发电量预计会从当前的约 140 TWh 提升至约 190 TWh。发电量增长的主要因素在于木材燃料、风力发电以及热泵使用量的增加。木材燃料使用量的大幅增长主要是林业生产扩张所产生副产品的直接结果。尽管部分木材燃料会被工业部门自行使用，但仍有大量的剩余部分被用于其他用途。森林木屑的使用量会在现有水平上逐步上升，不过自 2025 年起，其在供暖及发电厂领域的使用量将会开始回落。在整个审查期间，住宅和服务建筑供暖环节中所采用的小规模木材燃烧方式的使用量也会持续稳步降低。

7.4 储能技术发展概况

芬兰已经是电池矿物和化学品的重要生产国，也是西欧唯一拥有钴矿开采的国家。芬兰公司 Freeport Cobalt 是中国以外唯一一家供应用于锂离子电池的钴化学品的生产商。此外，芬兰公司 Terraframe、Keliber 和 Nornickel 目前正在扩大镍、钴和锂的生产。

根据芬兰政府公布的 2020 年第四份预算提案，3 亿欧元用于开发电池组。这笔资金将分配给芬兰矿产集团，以支持锂离子电池材料的生产。据悉，资金分配遵循芬兰于 2021 年 1 月发布的国家电池战略。其目标是到 2025 年，芬兰电池行业在创新、技能和就业方面处于领先地位。

此外，由 Polar Night Energy 公司开发的世界上第一个商业化的沙基热能储存系统已在芬兰开始运行。Polar Night Energy 公司 的系统基于其专利技术，已在公用事业公司 Vatajankoski 运营的发电厂现场上线。该储能系统为一个钢制容器，内部包含数百吨沙子，可以加热到 500～600℃。沙子用可再生电力加热并储存在当地的区域供热系统中。

该储能系统在芬兰十分适用，因为冬天漫长而寒冷，而最近又因支付纠纷被俄罗斯切断了天然气供应。该存储系统的开发人员表示，它既便宜又易于构建。理论上，该储能系统最多可释放 100kW 的热能，总能量容量为 8MWh，相当于长达 80 小时的存储时间，而芬兰当局希望将系统规模扩大到 1000 倍，即 8GWh。

7.5 电力市场概况

7.5.1 电力市场运营模式

7.5.1.1 市场构成

1995 年 10 月挪威和瑞典决定建立一个电力联合运营中心，于 1996 年 1 月投入运行，成为第一个跨国界交易的电力市场。芬兰和丹麦分别于 1998 年和 1999 年加入，由此形成了现在的北欧电力市场。

芬兰电力市场的基本结构可以概括为"两个分开"，即非竞争性市场与竞争性市场分开，批发市场与零售市场分开。芬兰电力批发市场是北欧电力市场的一部分。芬兰、丹麦、挪威、瑞典、爱沙尼亚、立陶宛和拉脱维亚已整合其电力批发市场。自 2014 年 2 月 4 日起，北欧电力市场的价格与西北欧电力市场一致。非竞争性市场主要包括电力的传输、分配、电网管理等具有自然垄断属性的部门。电力的生产和销售则是完全开放的竞争性市场，这一市场的主要参与者包括生产商、批发商和零售商。

7.5.1.2 结算模式

北欧电力交易所是进行大宗电力交易的主要场所。它由日前市场、日内市场、电力金融市场等构成。其中日前市场是整个市场的基础。在这个市场上，电力需求方（大客户）需要计算出第二天每个小时的需求量，并将需求信息发布到市场上。电力生产方也需要按小时进行报价。在双方的不断讨价还价中形成每个小时的均衡价格。因此这个市场上的电价每小时都在变化，而且波动幅度较大。近年来平均价格约为 0.045 欧元 /kWh。

由于需求方不可能准确预测未来的需求，常常会出现剩余或不足。日内市场正是为了平衡现实与预测的差别而设立的。在这个市场上，买卖双方通过竞标的方式确定成交价格。如果实际需求大于前一天预测的用电量，需要再购买，则以中标供给商中报出的最高价格成交。例如有 A、B、C 三个供给商，报价分别为 40 欧元、45 欧元、50 欧元，最后 A 和 B 中标，则市场成交价为 45 欧元，A 和 B 两家均以 45 欧元为价格出售电力。相反，如果实际需求小于前一天预测的用电量，则一些供给商会"回购"预售出的电力以减少损失，"回购"价格以中标者中报价最低的为准。由于市场电价波动会带来风险，电力金融市场应运而生，通过多种金融衍生产品规避这种风险，如远期期货、短期期货、期权等。大客户普遍采用这些交易方式。据统计北欧现货交易市场成交额只占年售电量的 30% 左右，其余均为期货交易。

7.5.1.3 价格机制

居民用电价格由电价、传输费用、税收及其他费用等部分构成。具体来说，电本身的价格约占电费的 37%，分配和传输费用约占 31%，能源税和增值税等税收约占 25%。由于电本身的价格所占比重较低，尽管电力市场上的电价波动幅度可能很大，但居民用电价格相对稳定。

居民用电采用的是电价与传输费用分开收取的方式。居民既可以在本地的公司买电，也可以到其他地区的电力零售商那里买电。全芬兰约有 70 家零售商，他们之中绝大部分为私有公司。

在零售市场上存在多种定价方式供消费者选择。如可以签订固定价格合同，即在一段时间内不论市场电价如何波动，消费者都可以按合同约定价格购电。此时电价波动风险完全由零售商承担。与此相反的是根据市场价格实时波动的电价，此时电价波动风险完全由消费者承担。此外还有介于两者之间的定价方式，零售商如果调价，必须提前两个月通知消费者，消费者如果决定不再从该公司购电，可提前一周通知零售商解除合同。

7.5.2 电力市场监管模式

7.5.2.1 监管制度

电力部门的监管框架主要包括在《电力市场法》和相关法令中。《电力市场法》于 2013 年 9 月 1 日生效，并实施了欧盟第三个能源一揽子计划，包括关于电力内部市场共同规则和废除指令。此外，电力部门主要受《电力和天然气市场监管法》《关于可再生能源产生电力的生产补贴法》《土地使用和建筑法》和《竞争法》等法规监管，芬兰的电力行业受能源市场管理局监管。

7.5.2.2 监管对象

芬兰的能源市场管理局会对芬兰配电公司，以及整个电力市场进行监管，监控价格的合理性以及客户和竞争对手的平等待遇。自由竞争办公室监督能源批发市场。

7.5.2.3 监管内容

在芬兰，电力零售商很多，并且可以任意选择。但一个地区只有一个配电公司，负责把电输送到千家万户。居民只能向这家公司支付配电费用。

为防止配电公司获取高额的垄断利润，芬兰政府会对这些公司进行监管。负责监管的是能源市场管理局。他们每年为垄断经营的企业设定利润率上限，对其成本和利润进行严格审核。不同规模的企业利润率标准不同，私营的大企业通常较低，中小企业通常由地方政府所有，允许获得较高的利润率。

此外，为保证配电服务质量，能源市场管理局还会对一年停电超过12小时的公司进行处罚，对一年无停电的公司进行奖励。因此芬兰的城市几乎没有过停电现象，乡村地区因意外导致停电都能得到及时维修，甚至会出现几家公司抢着修的现象。

第 8 章

■ 葡萄牙

8.1 能源资源与电力工业

8.1.1 一次能源资源概况

伊比利亚半岛西南部被称为"伊比利亚黄铁矿带"（Iberian Pyrite Belt），地质情况复杂多样，由于泥盆纪晚期和石炭纪早期的火山作用而产生了大量的硫化物，是欧洲最主要的基础金属产区，葡萄牙就位于该黄铁矿带上。因此，葡萄牙矿产资源十分丰富，种类较多，但分布比较分散，不利于进行大规模开采。葡萄牙的主要矿产有铜、铁、锡、钨、铀、黄铁、锰、铅、铍、铌、锌、银、金、煤、高岭土、耐火土、长石、大理石和宝石等，理论储量高达 5 亿 t，其中钨矿的储藏量高达 2 万 t，居欧洲第一位。此外，葡萄牙还是欧洲最主要的铜、锡和铀等的生产国，铜和锡的储藏量也居欧洲前列。葡萄牙装饰用石材（主要是大理石）的出产量居世界第六位。但是，其他矿产资源的生产则大多只供国内使用。

根据 2023 年《BP 世界能源统计年鉴》，葡萄牙一次能源总消费量为 0.93EJ，其中石油消费量为 0.4EJ，天然气消费量为 0.2EJ，煤炭消费量为 0.01EJ，水电消费量为 0.11EJ，可再生能源消费量为 0.21EJ。

葡萄牙石油资源严重依赖进口，其消耗量占能源总需求的 60%。葡萄牙政府近年来一直在其近海探寻天然气田，均未果，严重依赖进口。1994 年，葡萄牙关闭了最后一座煤矿，但每年仍需进口少量的煤炭用于发电，以弥补因降水不足而造成水力发电能力的短缺。

8.1.2 电力工业概况

8.1.2.1 发电装机容量

截至 2023 年，葡萄牙的装机容量为 21000 MW，其中 6300 MW 是风力发电，800 MW 是光伏发电，化石能源和水电的装机容量分别为 6600

MW 和 7300 MW。详细装机容量占比见图 8-1。

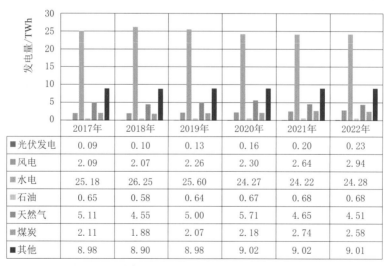

图 8-1 葡萄牙 2023 年装机容量占比

从历史装机容量来看，水电始终占葡萄牙装机容量首位。其次是热力发电和风电，其中风电装机容量自 2005 年以后迅速增长，目前已达到 5.3GW；此外，虽然光伏发电装机容量目前仅占总装机容量的 1.4%，但葡萄牙正在大力发展光伏发电，2019 年新增光伏发电装机容量 397MW，新增装机容量居欧洲第十位。

8.1.2.2 发电量及构成

葡萄牙 2017—2022 年主要能源发电量见图 8-2，截至 2022 年，葡萄牙全年发电量约 44.23TWh，其中化石能源发电量占比超 15%，风力发电量占比超 5%，相比前几年并无明显上升。据了解，城区供电情况相较郊区较为充足，目前正在大力发展可再生能源发电以提高供电可靠率。

	2017年	2018年	2019年	2020年	2021年	2022年
■光伏发电	0.09	0.10	0.13	0.16	0.20	0.23
■风电	2.09	2.07	2.26	2.30	2.64	2.94
■水电	25.18	26.25	25.60	24.27	24.22	24.28
■石油	0.65	0.58	0.64	0.67	0.68	0.68
■天然气	5.11	4.55	5.00	5.71	4.65	4.51
■煤炭	2.11	1.88	2.07	2.18	2.74	2.58
■其他	8.98	8.90	8.98	9.02	9.02	9.01

图 8-2 葡萄牙 2017—2022 年主要能源发电量

8.1.2.3 电网结构

葡萄牙输电线路总长约 8800km，其中 400kV 线路约 2600km，220kV 线路约 3600km。

西班牙和葡萄牙通过 6 回 400kV 线路和 3 回 220kV 线路互联,交换功率为 2200～2800MW;通过 2 回 400kV 线路与摩洛哥互联;通过 2 回 220kV 交流线路和 2 回 ±320kV 直流线路与法国互联。

8.1.3 电力管理体制

8.1.3.1 机构设置

葡萄牙电力部门目前几乎完全自由化和私有化。发电、配电和供电活动是分拆的(即法律和问责制分离),目前对生产许可证的申请越来越多。2018 年国家政策规定,如果生产许可证申请的数量超过某个区域的电力接收能力,则生产许可证通过在运营商之间抽签来批准。

电力监管由能源和地质总局(DGEG)和独立监管机构行使,能源服务监管机构(ERSE)和其他实体(如葡萄牙证券委员会)执行。能源服务监管机构负责管理电网连接、供电质量以及确定电价和税费,并对不遵守法律的能源公司处以罚款。

8.1.3.2 职能分工

葡萄牙电力部门的最高机构为能源和地质总局(DGEG)。能源和地质总局由经济部负责,是葡萄牙公共行政部门,负责从可持续发展和能源安全的角度设计、实施和评估能源和地质资源政策和供应。其职能包括监管措施和政策实施,以及通过向公民宣传执行政策决定和传播监测和实施结果的工具,提高公民对政策对经济和社会发展重要性的认识。

能源和地质总局与国际组织合作,并参与欧盟、国际能源机构(IEA)和国际可再生能源机构(IRENA)的工作组和委员会。能源和地质总局还参加国家委员会和管理小组,即与国家创新筹资方案有关的小组。

8.1.4 电网调度机制

葡萄牙第 15/2022 号法令允许电力公司管理国家电力传输网。葡萄牙国家能源网公司(Rede Eléctrica Nacional, REN)是葡萄牙能源行业的公司,负责输电工作,葡萄牙电力公司(EDP)负责国家的配电工作。

葡萄牙国家能源网公司负责输电系统,是葡萄牙两个主要的能源基础设施网络［国家电力输电网(RNT)和国家天然气网(RNTGN)］的现有特许权持有者,负责这些网络和相关基础设施的规划、建设、运营、维护和全球技术管理。

葡萄牙电力公司是高压和中压配电网的配电系统运营商（DSO），也是大多数低压市政配电系统的特许经销商。

8.2 主要电力机构

8.2.1 葡萄牙国家能源网公司

8.2.1.1 公司概况

葡萄牙国家能源网公司负责输电系统，是葡萄牙两个主要的能源基础设施网络的现有特许权持有者。

年报显示，2018 年葡萄牙国家能源网公司的净收入为 12728.1 万美元，比 2017 年的纯利润 13851.75 万美元有所下降。从报表来看，2018 年的经营收入约为 8 亿美元，成本为 160.16 万美元，此项支出相比 2017 年的 67.43 万美元有所增加。2018 年的总经营支出为 51661.06 万美元。

8.2.1.2 历史沿革

葡萄牙国家能源网公司于 1994 年成立。2000 年，其与葡萄牙电力公司合法分离，葡萄牙国家能源网公司成为独立公司。2017 年，公司收购了葡萄牙 RENPortgás 的第二大天然气分销网络，该网络的重点是开发葡萄牙北部沿海地区的天然气分销网络。由于葡萄牙对可再生能源的承诺，葡萄牙政府授予葡萄牙国家能源网公司特许经营一个试验区，用于海浪发电。

中国国家电网有限公司于 2012 年收购了葡萄牙国家能源网公司 25% 的股份，成为葡萄牙国家能源网公司的单一最大股东和技术支持方。

葡萄牙国家能源网公司还通过 RENTELECOM 开展电信业务，其中包括一系列服务和咨询工作。

8.2.1.3 组织架构

葡萄牙国家能源网公司组织架构见图 8-3。

图 8-3 葡萄牙国家能源网公司组织架构

8.2.1.4 业务情况

葡萄牙国家能源网公司在全国拥有 8733km 的线路，分为 400kV、

220kV 和 150kV 三种电压等级。

其中 400kV 电网的线路主要是从北部的 Alto Lindoso 电站从西向东到阿尔加维，而在海岸附近是从北到南，并且葡萄牙通过 400kV 线路与西班牙电网互联。

220kV 线路位于里斯本与波尔图之间，沿着米卢达杜罗河延伸，途径科英布拉，并且沿着杜罗河与贝拉内陆之间的对角线走向分布。

其他的输电线路由 150kV 线路作为补充，这也是国家输电网中的第一个电压等级（自 1951 年以来）。

8.2.1.5 国际业务

葡萄牙国家能源网公司是葡萄牙唯一的电力传输实体，覆盖整个大陆，并与西班牙电网相互连接。

2017 年 2 月，葡萄牙国家能源网公司与智利 ENEL 公司完成股权交割，成功收购智利 ELECTROGAS 公司 42.5% 的股权。这是葡萄牙国家能源网公司的首个境外投资项目，标志着葡萄牙国家能源网公司的国际化战略取得了重大突破。ELECTROGAS 公司是智利的主要天然气运营商之一，运营着一条 165.6km 的输气管道，连接太平洋东岸的智利坤脱罗码头再气化终端与中部首都圣地亚哥，通过输气管道向电厂、大的工业用户和天然气配气商输送天然气。作为葡萄牙唯一的国家级能源传输公司，葡萄牙国家能源网公司在天然气高压传输、液化天然气的接收、地下存储和气化等方面拥有先进的技术和丰富经验，该项目将充分发挥葡萄牙国家能源网公司的自身优势，有效促进其业务拓展和利润增长。

2019 年 7 月，葡萄牙国家能源网公司与智利 Compañía General de Electricidad S.A. 公司和 Naturgy Inversiones Internacionales S.A. 公司签订了一份合同，收购 Empresa de Transmision Electrica Transemel S.A.（Transemel）100% 的股份。Transemel 公司主要在智利北部运行 92km 输电线路和 5 座变电站，这一地区是智利主要的矿产资源地区和可再生能源开发区，其中 1 座变电站就坐落在世界最大的铜矿开采区 Calama 附近。

8.2.1.6 科技创新

葡萄牙国家能源网公司与中国国家电网有限公司共同成立了研发中心（R&D Nester），其目的为应用能源系统的创新解决方案和方法提供新能源的战略和流程，并作为实现更高效和可持续能源系统的推动力。

这个国际研发中心是一个创新解决方案和方法的催化剂，应用于输电能力的规划和运行，专注于寻找和开发有助于改变能源行业未来的解决方案。在研发 NESTER 项目的第一阶段专注于以下领域：电力系统仿真、可再生能源管理、智能电网技术以及能源市场和经济学。目前研发中心已有 23 个研发项目，其中包括可再生能源调度工具、智能变电站、储能计划、电力系统仿真和智能变电站的测试、全球能源互联计划等一系列可持续能源发展项目。

8.2.2 葡萄牙电力公司

8.2.2.1　公司概况

葡萄牙电力公司（EDP）（前身为 Electricidade de Portugal）是一家葡萄牙电力公用事业公司，总部位于里斯本。它成立于 1976 年，由 14 家国有电力公司合并而成，负责葡萄牙电力的配送和销售环节。

2018 年葡萄牙电力公司净收入为 8.124 亿美元，相较 2017 年的 8.42 亿美元稍有下降。从营收来看，2018 年的营收达到 40.425 亿美元，高于 2017 年 29.774 亿美元，但成本也高达 38.53 亿美元，总体来看其他费用相差不大，最终净收入 2018 年略低于 2017 年。

8.2.2.2　历史沿革

葡萄牙电力公司创建于 1976 年，融合了 1975 年被国有化的 13 家公司，被命名为葡萄牙电力公司。此后，作为一家国有企业，它负责全国的电气化、配电网的现代化和扩建、国家发电园的规划和建设以及为所有客户制定单一电价制度。

在 20 世纪 80 年代中期，葡萄牙电力公司的分销网络覆盖了葡萄牙大陆的 97%，并提供了 80% 的低电压供电。1991 年，政府决定将葡萄牙电力公司的法律地位从公共公司改为上市公司。1994 年，经过彻底的重组，葡萄牙电力公司成立。

1997 年 6 月，葡萄牙电力公司的第一个私有化阶段开始实施，其中 30% 的资本被出售。这是一次非常成功的售卖，需求超过供应的 30 倍，超过 80 万葡萄牙人（约占人口的 8%）成为葡萄牙电力公司的股东。

2011 年，在欧美金融危机发生后，中国长江三峡集团有限公司（简称三峡集团）收购了葡萄牙电力公司 21.35% 的股份，成为其第一大股东。此后，2017 年 9 月，三峡集团再次增持葡萄牙电力公司 7000 万股，合计持有葡萄牙电力公司股份达到 23.25%。

2014 年，葡萄牙电力公司开发了手机应用程序，客户可以通过手机应用程序与测量和监控设备一起查看和控制电力消耗。

8.2.2.3 组织架构

葡萄牙电力公司组织架构见图 8-4。

图 8-4　葡萄牙电力公司组织架构图

8.2.2.4 业务情况

截至 2018 年年底，葡萄牙电力公司在葡萄牙装机容量达到 11.335GW，占葡萄牙总装机容量的一半以上；生产了超过 25TWh 电量。同时，葡萄牙电力公司还负责配电网络，网络长达 226065km，并达到 44.735TWh 的配电量。此外，葡萄牙电力公司在电力销售方面达到 21.489TWh，占葡萄牙 87.34% 的市场份额。

8.2.2.5 国际业务

葡萄牙电力公司在世界能源领域拥有强大的影响力，目前在葡萄牙、西班牙、巴西均开展业务，总装机容量达到 27.151GW。发电方面，2018 年共生产了 71.963TWh 的电量，配电网长度达到 245916km；在供电方面，在西班牙达到 12.549TWh，在巴西达到 31.871TWh。

在可再生能源市场，葡萄牙电力公司如今已成为全球最大的风电场之一，已安装了 10.052GW 风力发电机，在西班牙、法国、美国、英国、意大利、比利时、波兰、罗马尼亚和巴西均有运营项目。

8.2.2.6 科技创新

葡萄牙电力公司致力于发展可再生能源，推广分布式太阳能生产解决方案，并结合储能发展；在分销网络中整合信息和通信技术；推动新型电动汽车发展。

8.3　碳减排目标发展概况

8.3.1　碳减排目标

葡萄牙议会表决通过《气候基本法》，确定葡萄牙未来制订气候政策的基本方针以及未来 30 年内减排目标，即以 2005 年温室气体排放量为基础，到 2030 年之前至少减少 55% 的碳排放，在 2040 年之前减少 65%～75%，在 2050 年之前至少减少 90%，以期在 2050 年实现碳中和目标。

8.3.2 碳减排政策

葡萄牙的《国家能源和气候计划》（NECP）设定了 2030 年目标，具体为：将非碳排放交易系统（ETS）温室气体排放量减少 17%，温室气体总排放量减少 45%～55%（均与 2005 年的水平相比）；提高能源效率，即初级能源需求低于 2150 万 t 石油当量，2019 年为 2210 万 t，最终能源需求低于 1490 万 t，而 2019 年为 1710 万 t；可再生能源占最终能源总需求量的 47%，满足 80% 的发电量、49% 的供暖和制冷需求；以及 20% 的运输需求；跨境电力互联占比提高至 15%（2019 年为 10%），外部能源依赖性降低至 65%（2019 年为 74%）。

葡萄牙认为，在难以脱碳的部门实现碳中和，可再生能源产生的氢气发挥着关键作用。《国家氢气战略》（EN-H2）为可再生能源生产的氢气设定了一个目标，到 2030 年满足葡萄牙 1.5%～2.0% 的能源需求，用于工业、国内海运、公路运输和天然气网络的注入。《国家氢气战略》表明，实现这些目标需要部署 2.0～2.5GW 的电解能力以及授权立法、法规和标准。

8.3.3 碳减排目标对电力系统的影响

8.3.3.1 碳减排目标对电网侧的影响

近日，葡萄牙电力公司网站发布公司《2021—2025 年战略计划》，将在能源转型方面投资 240 亿欧元，其中 80% 用于投资风能、太阳能、绿色氢能和能源存储等可再生能源，每年增加 4GW，5 年内使其太阳能和风能产能翻一番，从 12GW 增加到 25GW。这项新计划将使葡萄牙电力公司在 2025 年停止煤炭生产，息税折旧摊销前利润（EBITDA）达到 47 亿欧元，2030 年实现碳中和和 100% 绿色环保目标。

8.3.3.2 碳减排目标对电源侧的影响

2021 年上半年，水力发电是葡萄牙发电的主要来源，占总发电量的 32%。如果加上泵站的生产，整个水力发电量占总发电量的 36%。这一发电量在 2021 年上半年达到 8909000MWh，比 2020 年上半年高 7.2%。

风力发电量在混合能源中所占份额的第二位，2021 年前 6 个月发电量为 6472000MWh，比上年增加了 12%，占总发电量的 26%。

生物质能发电目前份额很低，为 3.6%。2021 年上半年生物质能发电量下降，是与 2020 年上半年相比下降了 2.4%，与 2020 年下半年相比下降了 5.3%。

太阳能发电量占比 3.0%，排名第七，发电量为 756000MWh。与 2020 年同期相比增长率达到 25%，在可再生能源发电中增长最快，并将在未来几年持续增长。

2021 年上半年，可再生能源发电量占葡萄牙总发电量的 68%。与 2020 年同期相比，增长率为 9.0%。

8.3.3.3 碳减排目标对用户侧的影响

在葡萄牙能源类型中，太阳能是一种日益增长的清洁能源来源。截至 2020 年年底，太阳能发电的总装机容量为 1030MW，比上一年增加了 13.6%。

太阳能发电预计将在葡萄牙政府的新能源计划中发挥主导作用，该计划包括到 2030—2050 年 100% 的可再生能源电力需求，到 2050 年实现该国 80% 的电力需求，以及到 2050 年将达到 65% 的经济供电目标。住建部门越来越多地采用太阳能光伏发电，主要原因是节省电力成本，需要替代电力来源，以及希望降低气候变化风险。在预测期内，由于太阳能光伏成本的降低、政府对住宅太阳能光伏的支持性政策、FIT 计划和激励措施，以及各国政府为太阳能设定的目标，屋顶太阳能光伏的份额预计将增加。住宅屋顶太阳能光伏的成本降低是由持续的技术改进推动的，包括更高的太阳能光伏模块效率，预计这将提高住建部门太阳能的电力利用。因此，由于上述几点，预计在预测期内，葡萄牙分布式太阳能市场的住宅区段将大幅增长。

葡萄牙政府已采取各种措施，在该国提高屋顶太阳能份额。一些重要举措包括 Decreto-Lei 162/2019 立法，以及太阳能项目的拍卖。预计该立法将改善 2014 年发布的《自我消费指南》，为部署屋顶太阳能等中小型可再生能源项目提供更明确、更有利的框架。此外，这些条款规定向现货市场或通过双边电力购买协议出售过剩的电力。2020 年 10 月，政府拍卖了 700MW 的太阳能项目。在总共分配的 670MW 中，483MW 分配给与储能设施相连的太阳能光伏。此类举措可能会增加太阳能市场份额（2021

年 8 月为 3.8%），从而推动葡萄牙的分布式太阳能光伏市场。

8.3.3.4 碳减排目标对电力交易的影响

2020 年 4 月 6 日第 12/2020 号法令颁布了修订欧盟排放交易体系指令（2003/87/EC）的（欧盟）2018/410 和 2004/101/EC 号指令，建立了葡萄牙的碳交易计划。它为 2021 年至 2030 年时期的碳减排制定了规则。

受该法律制度约束的运营商必须持有允许他们排放温室气体的许可证。他们必须每年监测和认证其排放量，并将这些信息用于预先定价安排（APA）。配额拍卖是根据欧盟议会和理事会关于温室气体排放配额拍卖的第 1031/2010 号条例。

葡萄牙将开发"当地自愿碳市场"，以刺激公民、企业和市政当局减少 CO_2 排放，马托西纽什是第一个实施试点项目的市政当局。

8.3.4 碳减排相关项目推进落地情况

葡萄牙能源和气候政策的一个核心方面是 2014 年通过的《绿色税收法》，旨在更好地使能源部门税收与脱碳目标保持一致。作为《绿色税收法》的一部分，葡萄牙于 2015 年制定了碳税，涵盖了所有非 ETS 部门的化石燃料需求。碳税是能源产品税（ISP）之外的额外金额，该税涵盖了包括化石燃料、电力和热能在内的大多数能源需求。碳税率基于碳排放交易系统（ETS）配额的历史价格趋势和转换系数，这些因素为排放和环境影响较大的燃料分配了更高的税率。碳税和 ETS 津贴拍卖的收入分配给葡萄牙的环境基金，该基金支持广泛的政府计划，包括一些脱碳措施。

政府已经调整了碳税，以推动脱碳。2018 年，逐步取消能源产品税和发电用煤的碳税豁免。由于豁免和市场因素的减少，葡萄牙最大的燃煤发电厂于 2021 年 1 月关闭，最后一家燃煤发电厂于 2021 年 11 月关闭。自 2020 年 4 月以来，用于发电（不包括热电联产）的天然气将逐步减少能源产品税和碳税豁免。这有利于部署可再生能源发电。尽管 NECP 中提到，天然气发电将至少持续到 2040 年。

葡萄牙有几项措施来推动可再生能源发电的部署，包括上网电价和太阳能光伏拍卖在内的电网连接容量分配新系统。自 2019 年建立这一新系统以来，超过 1.95GW 的可再生能源项目（主要是太阳能光伏，以及一些风能和电池储能）已获得网络容量储备证书。政府批准了 1.16GW 的新水电容量和电力基础设施的重大扩展，以支持可再生能源的整合和与西班牙的更好互联。政府还正在采取措施提高电力系统的灵活性，包括部署智能电网、动态关税和需求响应市场参与的试点项目。

2020 年，家庭平均零售电价中只有 33% 是能源成本，其余 67% 来自关税和税收。对于工业用户来说，平均零售价格只有 42% 由能源成本组成，其余 58% 来自关税和税收。高额税收和关税阻碍了电力与其他燃料的竞争，是实现葡萄牙电气化目标的障碍。政府应继续努力调整能源税，以确保能源价格推动消费者行为和投资决策，从而支持葡萄牙的脱碳目标。

葡萄牙需要采取强有力的行动来支持运输脱碳目标。2019 年，94% 的运输能源需求由石油覆盖，从 2014 年到 2019 年，运输温室气体排放量增加了 10%。葡萄牙有几项措施来推动运输脱碳。道路车辆税鼓励购买低排放车辆，并非常重视向电动汽车过渡。"2025 年可再生能源与新型交通概念"（RNC2050）提到，到 2030 年，电力应满足 36% 的乘用车需求，到 2050 年应满足 100% 的需求。为了推广电动汽车，葡萄牙于 2015 年引入了电池电动汽车（BEV）的货币激励措施，对 BEV 也有优惠的税收政策，并支持电动汽车充电基础设施。

葡萄牙在电气化客运、货运铁路以及电气化公共交通方面投资超过 100 亿欧元。政府制定了《自行车和主动移动国家战略》，旨在将葡萄牙的自行车道从 2018 年的 2000km 增加到 2030 年的 1 万 km。购买电动自行车和普通自行车（包括货运自行车）也有经济激励措施。

集约能源需求管理系统（SGCIE）是葡萄牙提高工业能效的主要计划。根据 SGCIE，能源密集型工业设施必须每 8 年完成一次能源审计，并制订计划实施能源效率措施，实现能源需求减少 4%～6%。这些计划的实施进展由政府监督。SGCIE 监管的工业设施可免征碳税和能源产品税。政府正在考虑逐步降低 SGCIE 监管设施的碳税豁免，这将导致化石燃料税增加。葡萄牙需要更积极的 SGCIE 效率目标和政策明确工业脱碳路径，以帮助工业实现具有成本效益的脱碳。

8.4　储能技术发展概况

葡萄牙对进口能源的依赖度一直很高，因为该国不生产石油或天然气。然而，由于发电组合中可再生能源的数量不断增加，对能源的总依赖程度一直在下降。根据葡萄牙可再生能源协会的数据，2020 年可再生能源发电量约占葡萄牙总发电量的 71.6%，化石燃料发电量只占总发电量的 28.4%。

风能和太阳能一直是促进葡萄牙可再生能源和能源生产增长的主要动力。未来，太阳能的贡献将增加，因为葡萄牙政府的目标是到 2027 年将太阳能装机容量从目前低于 500MW 的水平提高到约 9000MW。政府的新能源计划还包括到 2030 年清洁能源覆盖全国 80% 的电力需求。

2022 年 1 月，适用于国家电气系统的《新 SEN 框架法》（15/2022 号法令）生效。该法令对于新能源发电及存储作出了创新性规定。

法令规定，发电、自用电和储能将由单一的事前控制框架覆盖，可以是事前通知、事前登记、经营证书或生产经营许可证。上网电价计划被取消，发电和储能受制于市场上自由确定的价格，但有两个例外：其一是已授予的上网电价将持续到相应期限结束；其二是可再生能源发电可以受益于葡萄牙政府在新产能拍卖中授予的特定流量。

在电网容量方面，法令制定了新的时间表：其一，必须在电网容量发布后 1 年内向国家能源和地质部（Direção Geral de Energia e Geologia，DGEG）提交生产许可证申请需要进行环境影响评估时的能力，如果没有，则在 6 个月内补齐；其二，生产许可证必须在申请提交后 1 年内颁发；其三，经营许可证必须在生产许可证颁发之日起 1 年内颁发，并有延期的可能。

在储能系统方面，法令做出如下规定：当电力生产涵盖储能环节时，针对生产的优先控制将储能活动纳入其中。若装机容量超过 1MW，又或者存在需要开展环境影响评价或需遵循环境影响评价程序的情况，则自主蓄电需获取生产经营许可证；当装机容量等于或小于 1MW 时，自主存储电力仅需进行事先登记并取得运营证书。

8.5 电力市场概况

8.5.1 电力市场运营模式

8.5.1.1 市场构成

葡萄牙的电力市场由批发市场和零售市场构成。在自由市场制度中发电活动与批发市场紧密相连，参与生产的发电厂需要确保电力生产并且寻求有需求的电力代理商，从而满足终端客户的供电需求。电力交易活动与零售市场相关联，电力代理商的竞争最终确保了客户的电力供应。

在电力部门中，其自由化模式致使有组织市场不断增加，这些市场构建起贸易平台，且通常独立于那些从事电力生产与销售的传统主体。电力部门自由化进程的持续推进，促使交易市场逐步开放。在当前框架之下，任何消费者均可自由挑选电力供应商，进而形成了零售市场。零售市场的发展变化，尤其是与电价相关的部分，在很大程度上受到批发市场发展状况的限制，毕竟批发市场在电力供应总成本中占据了实质性的比例。

8.5.1.2 结算模式

葡萄牙电价的结算模式可分为工业用电、住宅用电、其他用电。其中工业用电占比较大，其次是住宅电。

8.5.1.3 价格机制

葡萄牙的能源价格在欧盟范围内居高，尤其是电价和天然气价格。这些价格是由多项因素共同决定的，比如市场需求、能源供应条件、地理及政治因素、基础设施价格、自然环境条件、气候条件、税制等。据统计，目前欧洲能源价格比葡萄牙高的只有德国和塞浦路斯。葡萄牙2010—2022年电价趋势见图8-5。

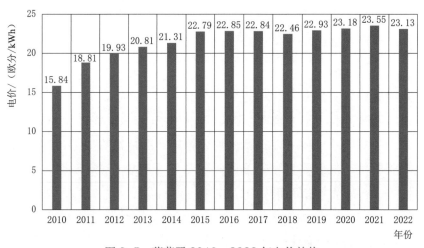

图 8-5 葡萄牙 2010—2022 年电价趋势

8.5.2 电力市场监管模式

葡萄牙电力部门的监管机构为能源和地质总局及独立监管机构，例如能源监管委员会（ERSE）等机构。对于商业关系、关税监管、服务质量、网络运行都可进行监管。

　　葡萄牙的发电、输电、配电、供电等商业活动和规划制定均会受到能源和地质总局等监管部门的监管。

　　监管机构的基本职能包括但不限于：

　　（1）颁发、修改和撤销发电许可证。

　　（2）维护电力供应登记册。

　　（3）监督供电的安全性。

　　（4）确保供电质量以及确定价格和关税。

第9章

塞浦路斯

9.1 能源资源与电力工业

9.1.1 一次能源资源概况

此前，塞浦路斯被认为是一个油气资源贫瘠的国家，但近年来继美国诺贝尔能源公司（Noble Energy）在专属经济区第12号油气田发现约1300亿 m^3 天然气之后，美国能源巨头埃克森美孚（Exxon Mobil）于2019年2月宣布在第10号油气田发现1200亿～2300亿 m^3 的天然气。截至2023年年初，塞浦路斯国内的天然气总探明储量已达约4100亿 m^3。但目前，除天然气外，塞浦路斯境内尚未发现其他一次能源，包括煤炭、石油等。

9.1.2 电力工业概况

9.1.2.1 发电装机容量

塞浦路斯2022年发电装机容量见图9-1。目前塞浦路斯全国以石油/天然气发电装机容量为主，共1470 MW，占全国总装机容量的78%。21%为风电和太阳能发电，其他占1%。值得注意的是，塞浦路斯国内的所有

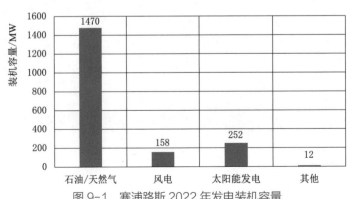

图9-1　塞浦路斯2022年发电装机容量

风电与太阳能发电均为独立的小型发电商，并未接入塞浦路斯国家电网。因此，石油/天然气发电是塞浦路斯国内唯一的入网电力能源，且均由塞浦路斯国家电力公司（Electricity Authority of Cyprus, EAC）提供。

9.1.2.2　电力消费情况

塞浦路斯共有五大用电部门，分别为商业用电、居民用电、工业用电、农业用电以及公共照明用电。据统计，2022 年塞浦路斯全国用电量为 4735GWh，其中商业用电与居民用电为塞浦路斯国内的主要用电部门，分别为 1851 GWh 和 1899 GWh，共占全国总用电量的 78%。除此以外，塞浦路斯还有一定的工业用电，约 865 GWh，占 18%；农业用电 115 GWh，占 2%；公共照明用电 80 GWh，占 2%。

9.1.2.3　发电量及构成

塞浦路斯 2012—2022 年发电量和用电量见图 9-2。塞浦路斯的发电与用电基本维持在稳定的区间内，并未出现较大的增长，且能够满足每年国内的用电需求。据统计，截至 2022 年塞浦路斯全国发电量为 4810 GWh，超出同年电力需求量 75GWh。塞浦路斯电力资源充足，完全能够满足本国的经济和社会发展需要。

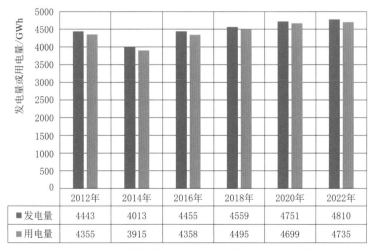

	2012年	2014年	2016年	2018年	2020年	2022年
■ 发电量	4443	4013	4455	4559	4751	4810
■ 用电量	4355	3915	4358	4495	4699	4735

图 9-2 塞浦路斯 2012—2022 年发电量和用电量

9.1.2.4　电网结构

塞浦路斯全国电网仅有两个电压等级，分别为 66kV 和 132kV，其中 66kV 电网长度为 40263km，132kV 电网长度为 42575km，总长度为 82838km。

9.1.3　电力管理体制

塞浦路斯电力监管基于国内 2003 年颁布的《电力法》，确立了以塞浦路斯能源、商业和工业部为最高管理机构的管理结构。塞浦路斯电力行业监管部门见图9-3。

1. 塞浦路斯能源、商业和工业部

塞浦路斯能源、商业和工业部是塞浦路斯最高的电力管理机构，负责设计和实施能源、贸易、工业和消费者保护政策，确定能源领域政策，确保能源供应，促进创业、竞争力和创新，促进投资、营商环境等。

2. 塞浦路斯能源监管局

塞浦路斯能源监管局是塞浦路斯电力行业的专项管理机构，在 2003 年《电力法》框架下成立，负责监督和规范电力和天然气市场，确保有效和公平竞争，保护消费者利益，确保能源供应的安全、质量、连续性和可靠性。

图 9-3　塞浦路斯电力行业监管部门

3. 塞浦路斯国家电力公司

塞浦路斯国家电力公司是塞浦路斯国内唯一的电力公司，负责塞浦路斯国内电力工业所有环节的各项业务，包括发电、输电和配售电业务。

4. 塞浦路斯国家电网调度局

在《电力法》实施前，国家电网调度局为独立机构，在《电力法》实施后，其并入塞浦路斯国家电力公司，成为公司的业务部门之一，专项负责国家电网的调度工作。

9.1.4　电网调度机制

塞浦路斯国内采取统一的电网调度机制，不设地区电网，电网建设、维修由塞浦路斯国家电力公司负责，电网的调度由国家电力公司的子公司——塞浦路斯国家电网调度局负责。

塞浦路斯国家电网调度局（Transmission System Operator，TSO）是隶属于塞浦路斯国家电力公司的子公司，负责塞浦路斯全国的电力调度，根据非歧视性和透明规则为电力市场参与者提供电网接入服务；除此以外，塞浦路斯国家电网调度局还负责国内电网运营情况的监管工作，并针对实际电力负荷提出相关建设意见。

9.2 主要电力机构

9.2.1 塞浦路斯国家电力公司

9.2.1.1 公司概况

塞浦路斯国家电力公司（Electricity Authority of Cyprus, EAC）是塞浦路斯国内唯一的电力工业参与者，成立于1952年，负责塞浦路斯国内发、输、配、售各个环节的业务。塞浦路斯国家电力公司在塞浦路斯全国设有四个地区办事处以及七个客户服务中心。

塞浦路斯国家电力公司经营业绩见图9-4。近年来，公司总营收出现了一定的下滑，截至公司公布的年报数据，2021年实现总营收8.45亿欧元，较上一年上升约1.8亿欧元。

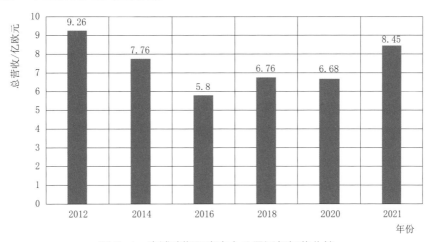

图 9-4　塞浦路斯国家电力公司近年经营业绩

9.2.1.2 历史沿革

塞浦路斯国家电力公司成立于1952年，当时塞浦路斯还属于英国殖民地之一，殖民地政府为了更好管理岛内发电系统，将28家小型电力公司进行了合并，成立了塞浦路斯国家电力公司负责管理岛内电力工业。

1960年，塞浦路斯脱离英国统治实现独立，塞浦路斯国家电力公司成为塞浦路斯电气化最重要的部门，并于1972年实现了全岛100%的电力覆盖。

2000年，塞浦路斯国家电力公司的第三座发电厂建设完成，自此以后，塞浦路斯国内并未有大型发电厂的新建计划。

2004年，塞浦路斯国家电力公司合并了塞浦路斯国家电网调度局，成为塞浦路斯国内电力工业的唯一参与者，垄断了塞浦路斯国内所有的电力工业环节相关业务。

9.2.1.3　组织架构

董事会是塞浦路斯国家电力公司最高的管理机构，总经理是公司最高的业务管理机构。董事会下设有内审部门，针对公司各业务机构实行监管，内审部门成员主要由塞浦路斯能源监管局官员兼任。详细组织架构见图 9-5。

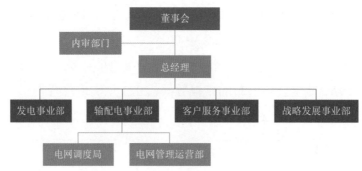

图 9-5　塞浦路斯国家电力公司组织架构

塞浦路斯国家电力公司下设有发电事业部、输配电事业部、客户服务事业部以及战略发展事业部四大业务部门。其中发电事业部负责公司旗下发电厂的管理、运营、维护等工作；输配电事业部下设电网调度局，负责国家电网的运营和电力调度工作，电网管理运营部负责国家电网的建设、维护等工作；客户服务事业部负责公司的售电业务，包括客户管理、客户拓展、客户维护等事务；战略发展事业部负责制定公司未来战略，提出战略发展方向，制订投资计划等。

9.2.1.4　业务情况

1. 发电业务

塞浦路斯国家电力公司共管理 3 座发电厂，分别为 Dhekelia 发电厂（460MW）、Moni 发电厂（150MW）以及 Vasilikos 发电厂（868MW），总装机容量约 1478MW。除此以外，公司还与 5 座私人风电场达成了合作，帮助其分销电力，这些风电场总装机容量约为 155MW。

2. 输电业务

塞浦路斯国家电力公司负责管理全国的输电线路，总长度为 8.3 万 km，还管理全国约 63 座变电站，总容量约 6636MVA。

3. 售电业务

塞浦路斯国家电力公司 2018 年共销售电力 4495GWh，其中商业用户 1755GWh，居民用户 1641GWh，工业用户 856GWh，其他用户 243GWh。

9.2.1.5 科技创新

塞浦路斯国家电力公司十分重视电力相关的科研活动，目前已与多家科研机构达成合作，重点领域包括环境管理、可再生能源研究以及低污染火电研究等；并且公司已经获得欧盟相关研究机构的资助用以研究先进的联合循环发电系统。塞浦路斯国家电力公司目前主要研究项目如下：

（1）联合循环发电厂综合低温热力发电研究。

（2）先进氢气混合燃气轮机技术项目。

（3）小型燃气轮机分布式发电研究项目。

9.3 储能技术发展概况

塞浦路斯作为极度依赖化石能源发电的国家，2021 年将近 94% 的发电量由石油发电提供，仅有约 6% 的发电量来自于风力发电。为了降低对进口化石能源的依赖，塞浦路斯制定了到 2050 年实现温室气体零排放的目标。为实现该目标，近年来，塞浦路斯正在对其能源部门进行重大改革，并将重点放在可再生能源发电系统上。

根据塞浦路斯对欧盟的承诺目标，2030 年塞浦路斯将实现 23% 的能源消耗来自可再生能源。因此当前完全遵守欧盟的绿色协议、支持可再生能源的发展和创造更加节能的未来是塞浦路斯的首要议程。未来政府将重点放在补贴可再生能源发电、投资可再生能源装置上。

塞浦路斯政府为使其电力系统具备更强的灵活性，宣布在未来将引入全新的颠覆性智能电网技术，同时采用与新型电力市场模式并行运作的先进控制及存储方法。塞浦路斯每年有 340 天的日照时间，是所有欧盟国家中太阳能发电潜力最大的国家之一。该岛已经是世界上人均太阳能热水器用户最多的国家之一，超过 90% 的家庭配备太阳能热水器，超过 50% 的酒店使用大型太阳能系统。

此外，在商业模式方面，塞浦路斯政府于 2021 年 3 月开始颁布住宅电池购买的相关激励措施。该国在此之前也已经构建起一个可用于家用太阳能的净计量制度。虽然塞浦路斯在新能源储能领域取得了一些进展，但该国政府在储能领域颁行的政策仍显不足。在没有支持性政策框架的情况下，塞浦路斯国家电力公司垄断了传统发电和电力供应，但该公司并不管辖可再生能源发电，因此几乎没有动力投资储能。

9.4　电力市场概况

9.4.1　电力市场运营模式

9.4.1.1　市场构成

塞浦路斯国家电力公司是国内唯一的电力市场主体，负责发、输、配、售各个环节的业务。

由于塞浦路斯各个电力环节均由塞浦路斯国家电力公司负责，因此塞浦路斯电力均采用内部结算的模式，每年根据公司发、输、配、售各个环节的成本来确定最终零售电价，并交由塞浦路斯能源监管局进行审核。

9.4.1.2　价格机制

塞浦路斯电价机制见表 9-1。塞浦路斯采取季节和时段收费机制，夏季平均电价要高于其他季节，同时工作日电价也会高于节假日电价。

表 9-1　　　　　　　　　　塞浦路斯电价机制

季　节	时　段	电价 /（欧元 /kWh）	
		工作日	节假日
夏季（6—9 月）	峰时（9:00—23:00）	0.142	0.089
	平时（23:00—9:00）	0.086	0.084
其他季节（10 月至次年 5 月）	峰时（9:00—23:00）	0.090	0.086
	平时（23:00—9:00）	0.086	0.084

9.4.2　电力市场监管模式

塞浦路斯电力市场受到塞浦路斯能源监管局的外部监管，同时也依靠塞浦路斯国家电力公司的内部监管，以平衡塞浦路斯国家电力公司的盈利需求和塞浦路斯国内民众的切身利益。

塞浦路斯国家电力公司是塞浦路斯国内唯一的受监管对象。

第 10 章

▪ 乌克兰

10.1 能源资源与电力工业

10.1.1 一次能源资源概况

乌克兰是世界上最早开采石油的国家之一。自开采以来，共生产约 3.75 亿 t 石油和液化天然气。近 20 多年开采量约 8500 万 t。乌克兰油气资源总储量 10.71 亿 t，其中石油 7.05 亿 t，液化天然气 3.66 亿 t；主要分布在东部、西部和南部三大油气富集区。东部油气带占乌石油储量的 61%，在这一地区已开发 205 个油田，其中 180 个属于国有。西部油气带主要位于外喀尔巴阡地区。南部油气带主要位于黑海西部和北部、亚速海北部、克里米亚，及黑海和亚速海区域乌克兰领海，在这一地区共发现 39 个油气田，其中油田 10 个。东部油气带石油密度 825～892kg/ m³，煤油含量 0.01%～5.4%，硫含量 0.03%～0.79%，汽油含量 9%～34%，柴油含量 26%～39%。西部油气带石油密度 818～856kg/ m³，煤油含量 6%～11%，硫含量 0.23%～0.79%，汽油含量 21%～30%，柴油含量 23%～32%。

乌克兰已探明天然气储量 11930 亿 m³（C2+C3 类），预测天然气储量 34910 亿 m³（D1 类），主要分布在东部油气带和黑海、亚速海大陆架。东部油气带富集了全乌 43% 的已探明天然气储量，超过 50% 蕴藏在地下 4000～6000m。黑海和亚速海大陆架富集了约 46% 已探明天然气储量。预测页岩气储量 850 万 m³，煤层气 12 万亿 m³。

乌克兰煤炭储量为 341.5 亿 t，占全球煤炭总储量的 3.8%，居世界第七位，其中硬煤 178.8 亿 t，褐煤 162.7 亿 t。乌克兰煤炭资源主要分布在东部的顿巴斯煤田、西部的利沃夫—沃伦煤田和中部的第聂伯煤田三大煤田。

根据 2023 年《BP 世界能源统计年鉴》，乌克兰一次能源总消费量达到 2.33EJ，其中天然气消费量为 0.69EJ，占比最大；其次是煤炭，消费量为 0.52EJ；核电消费量位于第三，消费量为 0.56EJ；石油消费量为 0.39EJ，水电消费量为 0.1EJ，可再生能源消费量为 0.07EJ。

10.1.2 电力工业概况

10.1.2.1 发电装机容量

截至 2022 年，乌克兰总装机容量为 55.3GW。其中化石能源占比最大，为 63.29%，其装机容量为 35GW；核能装机容量占比为 25.32%，其装机容量为 14GW；水能装机容量为 5.5GW，占比为 9.95%，可再生生能占比最小，装机容量为 0.8GW。详细发电装机容量见图 10-1。

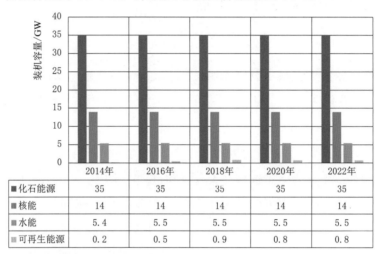

	2014年	2016年	2018年	2020年	2022年
■化石能源	35	35	35	35	35
■核能	14	14	14	14	14
■水能	5.4	5.5	5.5	5.5	5.5
□可再生能源	0.2	0.5	0.9	0.8	0.8

数据来源：乌克兰国家统计局。

图 10-1 乌克兰 2014—2022 年各类发电装机容量

10.1.2.2 发电量及构成

乌克兰 2022 年各类发电量见图 10-2。截至 2022 年年底，乌克兰总发电量为 102.25TWh。其中核能发电量占比最大，占比为 51%，其发电量为

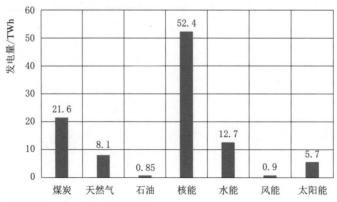

数据来源：乌克兰国家统计局。

图 10-2 乌克兰 2022 年各类发电量

52.4 TWh；化石能源发电量占比为 30%，其发电量为 30.55TWh（石油发电量为 0.85TWh，天然气发电量为 8.1 TWh，煤炭发电量为 21.6 TWh）；水能发电量占比为 12.4%，其发电量为 12.7 TWh；可再生能源发电量为 6.6 TWh。据了解，乌克兰供电稳定性较差，出现过电网攻击导致大面积停电事件。

10.1.2.3 电网结构

乌克兰拥有欧洲最大的输电系统之一，也是最古老的输电系统之一。目前，乌克兰经营和维护 137 座（110～750kV）变电站，总额定容量超过 787GVA，2.3 万 km 干线和州际（220～750kV）架空输电线路。乌克兰电网长度、变电站数量及容量分别见表 10-1 和表 10-2。

表 10-1　　　　　　　　　乌克兰电网长度

电压等级 / kV	总长度 / km	电压等级 / kV	总长度 / km
400～750	4900	220	4000
330	13400	35～110	700

表 10-2　　　　　　　　　乌克兰变电站数量及容量

电压等级 / kV	变电站数量 / 座	变电站容量 / MVA
750	8	16613
500	2	1753
400	2	1609
330	88	48897.9
220	33	9394.2
110	4	286
合计	137	78553.1

10.1.3　电力管理体制

乌克兰的电力监管机构主要由乌克兰能源与煤炭工业部和国家能源和公用事业监管委员会构成。

乌克兰能源与煤炭工业部是乌克兰能源领域的主管部门，负责保证能源、核工业、煤炭工业、泥炭和油气综合体等领域国家政策的制定和实施。国家能源和公用事业监管委员会是实施国家价格和税收政策监督的机构，保护消费者利益。

10.1.4　电网调度机制

乌克兰国家电力公司是国内唯一负责电网调度的机构。在调度上，乌克兰采取国家统一调度，不设区域调度机构，但是有 8 个具有调度控制功能的电力系统。电力系统的功能还包括通过干线和州际电网进行电力传输以及控制这些电网的运行。

10.2 主要电力机构

10.2.1 乌克兰国家电力公司

10.2.1.1 公司概况

乌克兰国家电力公司（UKRENERGO NPC SE）是乌克兰国有企业，包括 8 个区域电力系统，覆盖整个乌克兰境内，雇用超过 9000 人。公司的战略目标包括：确保输电系统的可靠性和长期发展；创造条件，将电力市场与泛欧电力市场合并，并将乌克兰的电力传输纳入欧洲输电系统电力运营商网络；确保乌克兰电力系统稳定和平衡；从长远来看，最大限度地降低公司服务的成本；通过投资基础设施开发提高管理效率，优化资金使用，降低消费者的电力传输成本。

目前，高压（220～750kV）变电站运行独特的高科技设备，总变电容量高达 78GVA，连接超过 213000km 的干线和跨境高压（220～750 kV）输电线路。每年，乌克兰国家电力公司的干线电网传输超过 1100 亿 kWh 的电力，确保乌克兰的电网系统与邻国的电力系统同步运行，向四个欧盟国家出口电力，与三个独联体国家的电力系统之间实现跨境电力流动。乌克兰国家电力公司每年投资高达 1.6 亿美元用于新建电网、设备现代化和提高电网效率，投资项目信贷组合金额超过 16 亿美元。

截至 2018 年年底，乌克兰国家电力公司总收益 4.44 亿美元，净利润 6800 万美元，输电量 1138 亿 kWh。与 2017 年相比，总盈利增加了 6%，总销售额增加了 15%，企业员工平均工资提升了 35%，新投入运行的电网达到 585km。

10.2.1.2 组织架构

乌克兰国家电力公司组织架构见图 10-3。

图 10-3　乌克兰国家电力公司组织架构

（1）六个调度部门：六个调度部门分别为第聂伯罗欧盟（Dniprovska）、顿巴斯卡斯（Donbass）、西欧（Zakhidna）、南欧（Pivdenna）、北欧（Pivnichna）和中欧（Tsentralna）。

（2）电网维护部门：主要负责电网运行维护以及设备维修、人员培训。

（3）能源检验局、电网运输部门：负责为乌克兰国家电力公司的电网和其他能源部门开发、制造和供应特殊用途产品。

（4）售后部门：主要负责提升组织的亚阈值水平，同时对公司公共采购以及合同管理流程进行优化。在确保物资供应充足且条件适宜的情况下，负责收集有关燃料和能源控制、纠正与处理的可行性及成本方面的各项指标，以便为公司的相关决策提供有力的数据支持与参考依据，从而实现资源的合理调配与高效利用，促进公司整体运营效益的提升。

10.2.1.3 业务情况

1. 经营区域

乌克兰国家电力公司主要负责乌克兰综合电力系统的运营和技术控制，以及从发电厂到区域电力供应商的配电网络的干线电网输电。

2. 业务范围

截至 2018 年年底，乌克兰国家电力公司经营和维护 137 座 110～750kV 变电站，总额定容量超过 787GVA，输电线路长度约为 1394000km，包括干线和州际 220～800kV 架空输电线路。乌克兰国家电力公司的电网情况见表 10-3。

表 10-3　　　　　乌克兰国家电力公司的电网情况

电压等级	电力线路		变电站	
	按线路/km	通过连接/km	变电站数量/座	变电站容量/MVA
800kV	98540	98540	—	—
750kV	4595.111	4595.111	8	16738
500kV	374760	374760	2	1753
400kV	338950	338950	2	1609
330kV	12972.379	13536.732	88	48972.9
220kV	3019.385	3975.965	33	9394.2
110kV	448728	549780	4	286
35kV	112441	114051	—	—
总计	1394005.875	1498188.808	137	78753.1

10.2.1.4 国际业务

乌克兰国家电力公司正在加强将乌克兰电力系统整合到欧洲输电系统

电力运营商网络的工作，包括实施州际输电线路的恢复和重建项目。这些项目的目的是在适当的技术条件下维持州际电网，并提高作为欧洲输电系统电力运营商网络一部分的 Burshtynska 岛的运行可靠性，并在未来将乌克兰电力系统完全整合到欧洲输电系统电力运营商网络。

10.3　碳减排目标发展概况

10.3.1　碳减排目标

2021 年 7 月 31 日，乌克兰向《联合国气候变化框架公约》提交了更新后的国家自主贡献（NDC）。提交的文件包括到 2030 年将达成包括土地利用、土地利用的变化和林业（包括土地利用的变化和林业）比 1990 年水平减少 65% 的目标。新的 2030 年国家自主贡献目标相当于 322t 二氧化碳当量（不包括土地利用、土地利用的变化和林业），而旧的国家自主贡献目标为 544t 二氧化碳当量。

更新后的国家自主贡献包含 2060 年实现碳中和的新目标。2021 年 3 月，内阁已经批准了《2030 国家经济战略》，其中提到如何在 2060 年之前实现碳中和。这比联合国政府间气候变化专门委员会（IPCC）关于 1.5℃ 的特别报告中的全球需求提前了十年，这符合乌克兰的能力，并且比乌克兰 2020 年 1 月提出的 2050 年绿色能源转型对话向前迈出了一步，根据该对话，该国的目标是到 2070 年实现碳中和。

10.3.2　碳减排政策

2020 年 1 月，乌克兰能源和环境保护部发布了乌克兰的 2050 年绿色能源转型对话（《乌克兰绿色协议》），并将其提交给欧盟官员，作为该国实现欧洲绿色协议的目标。这是乌克兰第一份整合气候和能源政策的战略文件，该文件基于为第二次国家自主贡献开发的长期能源系统模型。为了有效，这一对话仍然需要通过《国家能源和气候计划》（NECP）的具体政策措施提供支持，该计划预计在 2020 年实施，但在 2021 年 9 月仍未最终确定。

同时，由于俄乌冲突的影响，乌克兰国内暂停了所有的碳减排政策的制定和实施，转向扶持煤炭、重工业等军工相关的、高排放的工业。乌克兰内阁于 2022 年通过了一项命令，优先考虑乌克兰电力部门的煤炭使用，旨在加强国内煤炭行业并保留 20000 个采矿工作岗位。因此，若不在经济刺激计划中推出低碳发展战略和政策，尽管经济增长放缓，但到 2030 年排放量可能会反弹甚至超过先前预测的水平。

10.3.3 碳减排目标对电力系统的影响

2021 年 11 月，在格拉斯哥举行的第 26 届联合国气候变化大会（COP 26）上，乌克兰宣布将其煤炭淘汰时间从 2050 年提前到 2035 年，成为淘汰煤炭发电联盟（PPCA）的一员。此外，乌克兰能源部门最大的私人投资者 DTEK 也加入了淘汰煤炭发电联盟"，承诺到 2040 年为没有煤炭的运营提供动力。

这是对绿色能源转型对话下设定的初始淘汰日期的重大改进，也是乌克兰这一拥有欧洲第三大煤炭储量的国家向前迈出的重要一步。然而，这一承诺需要通过具体的逐步淘汰计划来实施，但速度还不够快，无法与 1.5° C 的温度限制相适应。在东欧和原苏联加盟共和国与《巴黎协定》兼容的路径中，到 2030 年，煤炭发电量需要比 2010 年的水平减少 86%，从而在 2031 年之前逐步淘汰煤炭发电。

10.4 储能技术发展概况

目前，乌克兰已引入了全国统一电力系统所需的储能（蓄电）系统监管。这种监管是实际实施和操作的关键步骤，可以提高电力系统的安全水平、灵活性，并确保与履行乌克兰气候义务相关的措施的实施。

2022 年 4 月 15 日，乌克兰总统签署了乌克兰议会通过的第 2046-IX 号《关于乌克兰能源储存设施发展部分法律的修正法》（简称《能源储存设施发展法》）。在此之前，乌克兰议会已于 2022 年 2 月 15 日表决通过了此法案，并于 2022 年 6 月 16 日生效。它规定了对乌克兰国家能源和公用事业监管委员会（NEURC）和《电力市场法》的修正。

根据修正法案，乌克兰储能设施由电力市场的新参与者运营。储能经营活动须取得许可证，但下列情况除外：

（1）电力生产企业在下列条件下，可以在未取得储能经营许可证的情况下经营储能设施，但需要确保在获得许可的电力生产活动地点进行操作，且储能设施仅从生产者的发电设施中提取电力，并保证在任何时候，乌克兰统一电力系统中电力生产商的总输出容量不超过其电力生产许可证中规定的该生产商电力设施的装机容量。

（2）储能设施的装机容量或电力输出低于储能业务活动许可条件中确定的指标（必须制定许可条件并获得监管机构 NEURC 的批准）。

（3）消费者使用储能设施，但不会将先前存储的能量输出到乌克兰的统一电力系统或其他商业实体的网络中。在充电站为电动汽车提供充电服务属于此类消费。

修正法案禁止储能设施经营者从事以下活动：①电力的传输和分配，但有例外：输电运营商和配电运营商可以运营储能设施，以防止电力系统事故或有助于从事故中恢复（对于输电运营商），或确保配电系统的高效、可靠和安全运行（对于配电运营商）；②气体的输送和分配；③履行市场经营者和保障买方的职能。

修正法案要求必须为储能设施提供进出此类装置的单独商业电能计量。

修正法案还规定了储能设施运营商支付服务费主要包括电力传输、电力分配以及调度（运营和技术）管理。该费用根据此类服务的电价和电量计算，即每月取款与设施每月输出电量之间的差额。

根据修正法案的要求，乌克兰的可再生能源生产商需要具备以下特点：①在一般情况下，如果可再生能源生产商以上网电价出售电力，并且在输电运营商的命令下停止发电时，该生产商有权补偿未按上网电价生产的电力成本，假设这样的可再生能源生产商有一个储能设施；在这种情况下，必须偿还给生产者的电量会减去在输电运营商命令期间由储能设施提取的电量以减少负载；②生产商需要符合可再生能源生产经营储能设施条件（装机容量不超过许可证规定的容量并建立储能设施单独商业用电计量的），该设施的安装不作为依据用于审查既定的上网电价。

修正法案还对储能网络监管作出了规定，指出用于储存（蓄积）能量的设备受《传输系统规范》规定的连接到传输系统的一般条件和程序的约束，需要具有以下特点：①安装和连接储能设施时，不得增加所连接电力设施的装机容量；②在连接储能设施时，向输电运营商／配电运营商提交设计任务，输电运营商／配电运营商必须在最多 10 个工作日内就此提供合理的答复；③储能设施应符合《输电系统规范》的要求。《输电系统规范》根据其连接点的电压水平和最大输出容量以及相应类型的技术要求确定了储能设施的类型（A1、A2、B、C、D）。此外，《输电系统规范》还定义了储能设施参与确保输电系统运行安全、输电系统运行规划以及向输电运营商提供辅助服务的要求。

10.5　电力市场概况

10.5.1　电力市场运营模式

10.5.1.1　市场构成

乌克兰的电力市场目前对投资者没有吸引力。但是，2019 年乌克兰议会颁布了一个关于电力市场的新法规。预计乌克兰将从 2019 年 7 月 1 日起完全转向新的运营规则。新的电力市场模式提供了一个多学科的多元化市场，其中包括合同电力购买形式，日前、日内和平衡市场。此外，新法律规定，参与例如能源传输的实体不能与参与这个市场的其他活动实体有关联。该衡量标准旨在加强能源市场的竞争。

法律还扩大了电力市场的参与者数量，其中包括制造商、供应商、输电系统运营商（即负责管理能源传输系统的法律实体，对于州际电力线，目前是乌克兰国家电力公司）、配电系统运营商、交易员（新参与者将转售能源，从而增加竞争）等。

10.5.1.2　结算模式

结算模式根据发电公司、输电公司以及配电公司的成本由国家能源和公用事业监管委员会确定最终价格。

10.5.1.3　价格机制

乌克兰商业用电价格 1350UAH/MWh，约为 0.0457 欧元 /kWh，居民用电价格 500UAH/MWh，约为 0.0169 欧元 / kWh，平均电价在 1050UAH/MWh，约为 0.0355 欧元 / kWh，批发电价在 700UAH/MWh，约为 0.0237 欧元 / kWh。欧盟国家的平均电价为 0.205 欧元 / kWh，乌克兰的电价远低于欧盟国家，但仍比周边国家高。乌克兰电价见图 10-4。

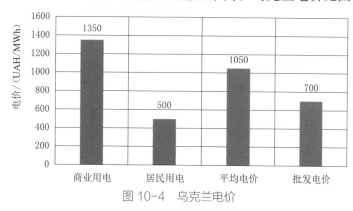

图 10-4　乌克兰电价

10.5.2　电力市场监管模式

10.5.2.1　监管制度

国家能源和公用事业监管委员会的监管制度为：确保能源和公用事业市场的有效运作和发展；促进向所有消费者和供应商有效开放能源和公用事业市场，并确保用户对网络/管道的非歧视性访问；促进乌克兰电力和天然气市场与其他国家相关市场的整合，特别是在能源共同体框架内，与能源监管机构理事会、能源共同体秘书处和其他国家能源监管机构的合作；保证能源和公用事业领域的服务，保护消费者以合理的价格获得足够质量的商品和服务的权利；促进电力和天然气的跨境贸易，确保投资对基础设施发展的吸引力；实现能源和公用事业领域的价格和税费政策；促进能源效率措施，增加可再生能源的份额和保护环境；为吸引能源和公用事业部门市场发展投资创造有利条件；促进能源和公用事业市场竞争的发展；法律规定的其他任务。

10.5.2.2　监管对象

国家能源和公用事业监管委员会的监管对象是整个电力市场的参与者，包括电力生产者、输电系统运营商和配电运营商，以实现消费者在能源和公用事业领域经营的经济实体和国家的利益平衡，确保能源安全，实现欧洲电力市场和乌克兰天然气一体化。

10.5.2.3　监管内容

国家能源和公用事业监管委员会的监管内容如下：

（1）有效履行能源和公用事业领域的国家监管任务。

（2）对属于其权限范围内的事项作出具有约束力的决定，向国家当局提出改善能源和公用事业立法的建议。

（3）制定和批准法律法规。

（4）执行法律规定的能源和公用事业领域的经济活动类型许可；确定能源和公用事业部门的自然垄断和相关市场主体无证开展活动的条件；确定能源和公用事业领域的自然垄断主体生产（销售）条件；对能源和公用事业活动相结合的自然垄断主体的限制；控制能源和公用事业领域的自然垄断和相关市场主体在经济活动中交叉补贴。

（5）监督输配电系统运营商、输气和配气系统运营商、电力和天然气市场的其他实体，以及在适当情况下依法对系统负责人的监督。

（6）按照法定的程序进行输电系统和输气系统的操作人员认证。

（7）监督被许可人遵守相关监管领域的法规和开展经济活动的许可条件，并采取措施防止违反许可条件。

（8）采取措施，使乌克兰能源领域的立法适应欧洲联盟的立法，并就乌克兰立法的适应问题与能源共同体秘书处进行磋商。

（9）确定消费者服务质量和天然气、电能和热能供应的最低标准和要求。

（10）在法律规定的情况下，批准活动受监管机构监管的实体的投资计划（发展计划）。

（11）根据法律，确保消费者获得电能供应、天然气供应、热供应、集中供水和污水等领域的价格/税费信息。

第11章

▪ 西班牙

11.1 能源资源与电力工业

11.1.1 一次能源资源概况

西班牙拥有较为丰富的矿产资源，黄铁矿储量居世界前列，汞储量居世界首位。以前矿产可供出口，近年来随着工业规模的扩大，本国资源已供不应求。现在大部分石油和铝土，一半铁矿石、炼焦煤和一些有色金属需要从外国进口。西班牙主要矿产储量：煤 88 亿 t，铁 19 亿 t，黄铁矿 5 亿 t，铜 400 万 t，锌 190 万 t，汞 70 万 t。西班牙森林总面积 1500 万 hm²，森林覆盖率 30%，软木产量和出口量居世界第二。西班牙的一次能源消耗主要由化石燃料组成，最大的来源是石油（42.3%）、天然气（19.8%）和煤炭（11.6%），剩下的 26.3% 是核能（12%）和不同的可再生能源（14.3%）。国内一次能源生产包括核能（44.8%），太阳能、风能和地热能（22.4%），生物质和废物（21.1%），水电（7.2%），化石能源（4.5%）。

根据 2023 年《BP 世界能源统计年鉴》，西班牙一次能源总消费量为 5.76EJ，其中石油消费量为 2.66EJ，天然气消费量为 1.19EJ，煤炭消费量为 0.17EJ，核电消费量为 0.53EJ，水电消费量为 0.17EJ，可再生能源消费量为 1.04EJ。

11.1.2 电力工业概况

11.1.2.1 发电装机容量

2023 年，西班牙全国发电装机容量为 110.75 GW，其中火力发电占绝大多数，共 34.5GW，占比 31.15%；风力发电装机容量排名第二，共 29.3GW，占 26.46%；水力发电装机容量为 20.23 GW，占 18.27%。西班牙 2023 年装机容量见图 11-1。

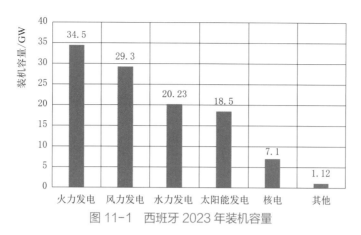

图 11-1 西班牙 2023 年装机容量

从西班牙历史装机容量来看，西班牙各类型发电发展均衡。2014 年西班牙装机容量为 102.2GW，是 2018 年的 98.27%。其中联合循环和风电一直为装机容量的主力。西班牙的发电设施总数在 2017 年连续第二年下降，到年底装机容量为 104GW，比 2016 年减少 0.6%。这一下降主要是由于关闭圣玛丽亚的 deGaroña 455MW 核电站。到 2021 年，煤炭相比 2014 年基本上实现了 50% 比例的退出。同时西班牙在 2019 年也开始大力发展太阳能发电，截止到 2021 年，西班牙的太阳能发电装机容量已经约为 11.39GW，较 2019 年上涨了近一倍。西班牙 2014—2021 年装机容量见图 11-2。

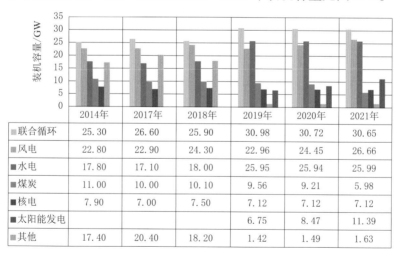

	2014年	2017年	2018年	2019年	2020年	2021年
■联合循环	25.30	26.60	25.90	30.98	30.72	30.65
■风电	22.80	22.90	24.30	22.96	24.45	26.66
■水电	17.80	17.10	18.00	25.95	25.94	25.99
■煤炭	11.00	10.00	10.10	9.56	9.21	5.98
■核电	7.90	7.00	7.50	7.12	7.12	7.12
■太阳能发电				6.75	8.47	11.39
■其他	17.40	20.40	18.20	1.42	1.49	1.63

图 11-2 西班牙 2014—2021 年装机容量 ❶

11.1.2.2 发电量及构成

西班牙近几年正逐步淘汰化石能源。2015 年，西班牙石油、天然气、

---

❶ 2019 年后，西班牙将太阳能从"其他"类别中单独列出，2019 年后的"其他"主要以生物质能、垃圾焚烧为主。

煤炭的发电量占全国发电量的 44.2%，而到了 2022 年，这一比例仅为 29%。相比来说，可再生能源已经成为了西班牙最主要的发电来源。截至 2022 年，西班牙全国发电量约为 269.8TWh，其中风电、水电、太阳能发电三大可再生能源合计 129.3TWh，占全国总发电量的 48%，这一数字在 2015 年仅为 33%。西班牙 2015—2022 年各类型电源发电量见图 11-3。

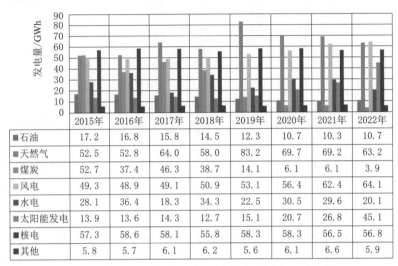

	2015年	2016年	2017年	2018年	2019年	2020年	2021年	2022年
■石油	17.2	16.8	15.8	14.5	12.3	10.7	10.3	10.7
■天然气	52.5	52.8	64.0	58.0	83.2	69.7	69.2	63.2
■煤炭	52.7	37.4	46.3	38.7	14.1	6.1	6.1	3.9
风电	49.3	48.9	49.1	50.9	53.1	56.4	62.4	64.1
水电	28.1	36.4	18.3	34.3	22.5	30.5	29.6	20.1
■太阳能发电	13.9	13.6	14.3	12.7	15.1	20.7	26.8	45.1
■核电	57.3	58.6	58.1	55.8	58.3	58.3	56.5	56.8
■其他	5.8	5.7	6.1	6.2	5.6	6.1	6.6	5.9

图 11-3　西班牙 2015—2022 年各类型电源发电量

11.1.2.3　电网结构

数据显示，受到疫情和经济衰退的影响，西班牙近年来并没有新增输电线路，最近一次是在 2018 年，西班牙输电电网增加了 277km 线路和 2592 MVA 变压器容量，加强了输电的可靠性和电网的适应性以保证供电安全。在 2013—2017 年期间，西班牙的输电线路长度以 1.08% 的复合年增长率（CAGR）增长，从 2013 年的 42140km 增加到 2017 年的 43498km。其变压器容量以 81.289 GVA 的复合年增长率增长 1.61%，在同一时期达到 86.654 GVA。西班牙与邻国有 18 条高压跨境互联线路，其中 10 条与葡萄牙相连，7 条与法国相连，1 条与摩洛哥相连。

11.1.3　电力管理体制

11.1.3.1　特点

根据西班牙当局在垂直分配（中央 / 地区 / 地方）和主体领域（监管、环境）方面的法律，电力方面由能源部监管。

西班牙将电网主要分为主要电网和二级电网。

（1）主要电网。

1）标称电压至少为 380kV 的电力线、变压器和其他电气元件。

2）其他国际互联设施。

3）与非伊比利亚半岛地区的互联。

（2）二级电网。

1）标称电压至少为 220kV 的电力线、变压器和其他不被视为主要电网的电气元件。

2）标称电压低于 220kV 的可实现传输功能的其他设施。

3）非伊比利亚半岛地区标称电压至少为 66kV 的网络。

4）不被视为主要电网的互联。

西班牙电网公司（Red Eléctrica de España，REE）是西班牙的电力系统运营商和唯一的输电系统运营商。但是，显而易见，属于二级电网的特定传输设施可以由分销公司拥有。

11.1.3.2　机构设置及职能分工

西班牙的电力管理机构为西班牙电力部（Ministry of Electric Power），下辖 6 个部门（图 11-4），分别如下：

图 11-4　西班牙电力监管结构

（1）发电部：负责发电机构的监管、维护和政策制定。其中最大的两家公司占西班牙发电量的 39%，分别为是 Endesa 公司（21%）和 Iberdrola 公司（18%）。

（2）配电部：其目的是在适当的条件下，从输电网络或从其他配电网络连接到配电网消费点或其他配电网络的电力传输系统。

（3）输电部：负责国内水电站的运营、维护、发电等。

（4）营销部：商业活动由电能商业化公司负责，这些公司可以访问输电网或配电网，可以根据现行法规向消费者和其他主体销售电力。营销部门负责监管并平衡市场。

（5）国际部：负责与国外电网业务的规划与维护。

（6）监管部：负责对国内电力系统价格进行管控，并制定法律和监管环境，为市场制定经济激励和纠正措施。

11.1.4 电网调度机制

西班牙电网公司是西班牙的系统运营商和唯一的输电系统运营商。目标是始终保证国内电力供应的安全性和连续性，并建立有助于社会进步的可靠传输网络。

11.2 主要电力机构

11.2.1 西班牙电网公司

11.2.1.1 公司概况

西班牙电网公司主要从事能源行业。该公司专注于西班牙高压输电网的管理，并负责其网络设施的开发、维护和改进，包括发电、输电和配电过程之间的协调。此外，公司还管理和租赁电信基础设施，特别是光纤电缆。西班牙电网公司是 Red Electrica 集团的母公司，通过其子公司和附属公司在西班牙、荷兰、卢森堡、秘鲁、智利和法国等多个国家开展业务。

2022 年年报显示，2022 年西班牙电网公司税后利润为 7 亿美元。较 2021 年下降 1.05 亿美元，其主要原因来自于全国用电量的下降以及海外业务的开展不顺。

11.2.1.2 历史沿革

西班牙电网公司于 1985 年根据 12 月 26 日的第 49/1984 号法律成立。它是世界上第一家专门致力于电力传输和运营的公司。

西班牙电网公司大部分公共资金由一组私人公用事业（Endesa 公司和 ENHER 公司）和 Iberduero 公司、Union Fenosa 公司等出资。

11.2.1.3 组织架构

西班牙电网公司组织架构见图 11-5。

11.2.1.4 业务情况

作为传输电网的龙头，西班牙电网公司主要负责电网的开发、扩建和维护，管理外部系统和伊比利亚半岛之间的电力传输，以及保证第三方连接传输电网。

图 11-5 西班牙电网公司组织架构

西班牙电网公司的传输网络包括超过 44000km 的高压线路，超过 5500 个变电站和超过 88GVA 的变电容量。这些资产组成了可靠和安全的电网，为国家电力系统提供最高级别的优质服务。截止到 2022 年年底，西班牙电网公司的总输电线长度为 44207km，其中 132kV 的线路长度为 2749km，220kV 的线路长度为 19728km，400kV 的线路长度为 21730km。

11.2.1.5　国际业务

伊比利亚半岛与巴利阿里群岛之间的电力管道是西班牙电网公司的标志性项目，它成功使巴利阿里群岛的供电可靠性和供电质量得以提高，并为西班牙电力系统节省了大量成本。公司另一个基础设施是比利牛斯山脉东部的西班牙—法国互联线路，它使得公司与欧洲的交流能力得到大幅增强。另外，2017 年 9 月，西班牙和法国之间为比斯开湾新的电力互联项目已经开始。

未来几年，随着 Soria-Chira 水电厂的建设，西班牙电网公司的技术能力和投资潜力将进一步凸显。储能设施将成为有效的系统运行工具，从而保证供电，提高系统安全性并优化大加那利岛上可再生能源的整合。

11.3　碳减排目标发展概况

2021 年 5 月，西班牙议会通过了该国首个气候变化与能源转型法案。新法案规定了未来 10 年西班牙在应对气候变化方面的中期目标和具体实施措施，其主要目标是让西班牙大幅减少温室气体排放，开启经济全面转型，以期到 2050 年实现碳中和，为达到《巴黎协定》所定目标作出贡献。根据这项法案，到 2030 年，西班牙的温室气体排放与 1990 年相比将减少 23%；可再生能源在全部能源消耗中的比例至少要由目前的 20% 提升至

42%；此外，可再生能源发电量占总发电量的比例也将从目前的 40% 左右提高到 74%。

此前，西班牙已经提出过《2021—2030 年国家综合能源和气候计划》（PNIEC）（简称《计划》），该《计划》确定了应对气候变化的行动框架，是主要的气候和能源治理工具。《计划》确定了能源联盟五个方面的挑战和机遇：脱碳，包括可再生能源；能源效率；能源安全；内部能源市场和研究；创新和竞争力。此外，《计划》还为所有利益相关者提供确定性和方向感，同时为能源转型和经济脱碳提供灵活性和可管理性。《计划》也有助于西班牙于 2050 年实现其碳中和的承诺。

11.4 储能技术发展概况

西班牙政府于 2021 年 2 月指定并批准了新的可再生能源监管框架和国家自用战略，即《西班牙 2030—2050 年的储能战略》，该战略的目标是在 2030 年实现约 20GW 的储能容量，到 2050 年从目前的 8.3 GW 提高到 30GW。

西班牙目前可用的储能主要来自抽水蓄能电站和聚光太阳能（CSP）电站，政府希望进一步发展蓄电池储能的潜力。因此该战略定义了 10 条行动路线和 66 项针对具体问题的措施，涵盖：储能参与电力系统；循环经济或能源社区为公民参与创造空间，例如提供原材料和基础部件，推广制造和开发技术，提供各种服务等；作为可再生氢的驱动力；进行专业人员培训以缓解失业，例如在可利用其内生资源的地区推广储能项目等措施，减少关闭热电厂、采矿电厂或核电厂的社会经济影响；开发新的商业模式，例如蓄电池的二次回收利用；消除行政障碍以促进产业和项目；促进储能系统研发，等等。

西班牙根据《2021—2030 年国家能源和气候计划》（NECP）中制定的脱碳目标量化了其储能需求，该计划将可再生能源在能源最终消费总量中的份额设定为到 2030 年的 42%。为了在财政上支持储能项目，西班牙打算依靠欧盟资金，其中包括 "下一代欧盟" 计划（Next Generation EU）、欧盟创新基金、欧盟科研框架计划（Horizon 2020），以及各种国家基金和可能的绿色债券收益。

11.5　电力市场概况

11.5.1　电力市场运营模式

西班牙半岛的电力需求连续四年持续增长，根据西班牙电网公司的数据，2018 年的电力需求为 254.074TWh，同比增长 0.6%。在考虑季节性和工作模式后，与 2017 年相比，西班牙电力需求增加了 0.5%。据统计，西班牙的人均用电量为 5356kWh。

西班牙电价结算可分为居民用电、工厂用电和商业用电，其中东部沿海用电量较高，工业用电略高于居民用电。

2018 年西班牙家庭的平均电价为 23.83 欧分 /kWh。在欧洲中属于中上水平。从图 11-6 中可看出西班牙电价逐年上升，虽然 2017 年电价有小幅回落，但于 2018 年又重新达到了高峰。此后，受到新冠疫情和俄乌冲突的影响，西班牙电价再次上升，到 2022 年突破了 30 欧分 /kWh。2023年价格有所回落，全年平均电价约为 24.54 欧分 /kWh，但依旧属于较高水平。西班牙 2011—2023 年电价见图 11-6。

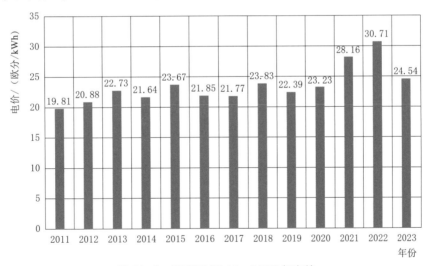

图 11-6　西班牙 2011—2023 年电价

11.5.2　电力市场监管模式

11.5.2.1　监管制度

国家能源委员会（CNE）是能源市场的监管机构。1998 年颁布的第 34 号法律规定国家能源委员会为能源系统的"性能调节器"，在设计监管制度的同时要保证有效竞争的客观性和其经营的透明度，此举有利于平衡所有消费者和经营者。

11.5.2.2　监管对象

国家能源委员会的监管对象包括输电商、发电配电的分销商、电力系统的运营商及相关供货商。发电和供电由经营者在自由竞争中进行，价格受供求关系支配。

11.5.2.3　监管内容

（1）规定经营者的权利和义务、授权和许可的法律框架以及适用的处罚和制裁。

（2）规定电力的生产、输送、分配、营销和供应以及电力设施的授权程序。

（3）负责控制和管理发电市场。

（4）为可再生能源生产建立经济和工业法律框架。

（5）各种法律、皇家法令、部长命令和其他立法中的其他规则，以及议会和各自治区政府提出的所有具体规定（主要涉及许可程序和环境问题）。

第 12 章

■ 希 腊

12.1 能源资源与电力工业

12.1.1 一次能源资源概况

希腊位于巴尔干半岛南端,东、西、南三面环海,能源资源十分有限。希腊油气资源相对匮乏,但褐煤、太阳能和风能资源丰富。希腊是欧盟第二大褐煤生产国,也是世界第六大褐煤生产国。根据总库存和未来的预计消费率,估计现有的褐煤数量足以满足希腊未来 45 年的需求。希腊能源仍主要依赖化石燃料,其中大部分是进口的。

根据 2023《BP 世界能源统计年鉴》,希腊已探明煤炭储量 287600 万 t,石油储量 1000 万桶。希腊一次能源消费量达到 1.13EJ,其中石油消费量为 0.62EJ,天然气消费量为 0.22EJ,煤炭消费量为 0.07EJ,水电消费量为 0.04EJ,可再生能源消费量为 0.18EJ。

12.1.2 电力工业概况

12.1.2.1 发电装机容量

截至 2023 年年底,希腊全国装机容量达到 21.73GW。其中天然气发电占比最大,装机容量为 6.03GW;风电装机容量 4.54 GW;水电装机容量 3.41GW;光伏发电装机容量 5.1GW;煤电装机容量 2.65GW。2023 年希腊装机容量及其构成见图 12-1。

12.1.2.2 发电量及构成

希腊 2017—2022 年发电量及其构成见图 12-2。截至 2022 年年底,希腊全国发电量为 44.18TWh。其中水力发电占比最大,约 54%,共 24.19 TWh;其次为天然气,共 4.51 TWh,占比 10%;煤炭共 2.9 TWh,占比 6%。据了解,希腊的几个岛屿相对偏远,会出现严重供电不足的情况,且综合供电成本较高。希腊的电力结构总体较好,南部较为发达,电力覆盖率高,而北部地区由于居住人口和工业企业较少，电力发展相对滞后。

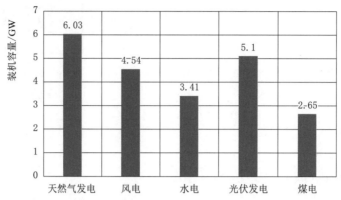

数据来源：彭博金融数据终端。

图 12-1　希腊 2023 年装机容量及其构成

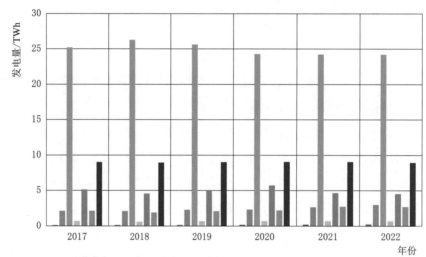

数据来源：彭博金融数据终端。

图 12-2　希腊 2017—2022 年发电量及其构成

12.1.2.3　电网结构

希腊输电线路总长约 1.2 万 km，变电站约 300 座，电压等级包括 400kV 直流线路，及 400kV、150kV 和 66kV 交流线路。希腊输电系统的主干线路包括 3 条双回路 400kV 线路，主要将西马其顿 70% 的发电容量输送到希腊中部和南部的主要电力需求中心。其他输电系统包括额外的 400kV 和 150kV 架空线路，以及连接安德罗斯和希腊西部岛屿，科孚岛、莱夫卡达岛、凯法利尼亚岛和扎金索斯岛的 150kV 海底电缆，以及连接科孚岛和伊古迈尼察的 66kV 海底电缆。

目前，希腊通过 7 条电力线路与周边国家联网，包括：与阿尔巴尼亚的 2 条线路（400kV 和 150kV），与北马其顿的 2 条线路（均为 400kV），与保加利亚（400kV）、土耳其（400kV）和意大利（400kV）各 1 条线路。希腊输电线路长度见表 12-1。

表 12-1　　　　　　　　希腊输电线路长度

希腊各电压等级和类型输电线路长度 / km					
线路类型	400kV	400kV（直流）	150kV	66kV	总计
架空线路	2628	107	8127	39	10901
水下线路		160	140	15	315
地下线路	4		82	1	87
总计	2632	267	8349	55	11303

数据来源：希腊国家电网公司。

12.1.3　电力管理体制

12.1.3.1　特点

从历史上看，希腊的电力行业一直处于充满限制的封闭式经营状态，希腊声称此类做法是考虑公共利益的必要之举。如今这一观点受到质疑。尽管如此，以前的垄断企业，比如希腊公共电力公司（PPC），仍然在相关市场占据支配地位。

2011 年 7 月 15 日，能源监管局对公共电力公司处以罚款，理由是其作为国家供电网络的运营商违反了一系列义务，阻碍了希腊电力市场良性竞争的发展。能源管理局在其判决中认定，公共电力公司的某些做法对电力零售市场的增长和竞争产生了恶劣的影响。根据能源管理局的意见，公共电力公司不仅在供电领域占据支配地位，多年来也是希腊电力的唯一运营商和供应商，因此，电力的分销及供应的区分并非出于消费者的利益而建立。

因为希腊天然气输送系统运营商拒绝向私人供应商授权而引起投诉，能源管理局最近颁布了一项决议，废除了私人公司、竞争对手和此前已取得进入电网权利的国有垄断公司公共天然气公司进入天然气市场的壁垒。

希腊根据投票通过的第 3986/2011 号法律中《2012—2015 年适用财务和金融策略中期框架的紧急措施》建立了一个基金会，负责将属于希腊国家的资产私有化，包括公共企业、基础设施、国家垄断权利及房地产。私有化计划包括数量庞大的国家业务，其中部分业务迄今为止仍为希腊政府所独有，比如交通运输和基础设施、港口、供水及污水处理服务和国防工业。然而，私有化有可能导致私人垄断取代公共垄断。能源监管局面临的挑战是，确保私有化将造福消费者，尤其是在依赖网络使用的领域，因为这些领域无法被轻易复制，或者服务不可或缺，且需要广泛提供（供水、污水处理，基本邮政和电信服务）。

12.1.3.2　机构设置

希腊电力市场主要由环境与能源部（YPEN）、能源监管局（RAE）、电力市场运营商（LAGIE）、公共电力公司（PPC / DEI）、独立输电运营商（IPTO / ADMIE）、配电运营商（HEDNO / DEDDIE）6 家管理机构组成。希腊电力监管机构设置见图 12-3。

图 12-3　希腊电力监管机构设置

12.1.3.3　职能分工

1. 环境与能源部（YPEN）

环境和能源部负责制定和实施国家能源政策以及能源部门的协调，包括促进可再生能源。该部门监督一些在可再生能源领域开展活动的公共机构和公司，包括能源监管局、独立输电运营商、配电运营商。环境和能源部内负责的组织单位是能源和气候变化总秘书处。

2. 能源监管局（RAE）

能源监管局（RAE）是一个独立的行政机构，负责监督和控制所有领域的能源市场运作，并建议主管机构采取行动确保遵守竞争规则和消费者保护的必要措施。

3. 电力市场运营商（LAGIE）

电力市场运营商（LAGIE）主要负责电力市场的运营。化石燃料和大型水电厂向电力市场运营商提交报价，电力市场运营商根据这些报价组织日前市场。对于零售电力供应商的情况，电力市场运营商根据当前的上网电价（FIT）与零售电力供应商签订电力购买协议（PPA）。这些 FIT 由零售电力供应商特别账户支付，该账户也由电力市场运营商管理。对于非互联岛屿，资金由电力市场运营商转移到配电运营商。除短期批发电力市场外，电力市场运营商还负责管理长期容量市场以及不平衡结算机制。

4. 独立输电运营商（IPTO / ADMIE）

独立输电运营商（IPTO / ADMIE）是希腊公共电力公司的全资子公司，但在管理和运营方面独立于其母公司。在 2014 年独立输电运营商完成所有权分拆。独立输电运营商担任希腊输电系统的输电系统运营商（TSO），负责系统运行、维护和开发。独立输电运营商还在管理系统的电力传输，同时考虑与其他互联系统的电力交换。独立输电运营商每年负责希腊输电系统十年发展计划，还负责准备负荷和零售电力供应商电力生产的日前预测以及日前计划的优化。

5. 配电运营商（HEDNO / DEDDIE）

配电运营商（HEDNO / DEDDIE）是希腊公共电力公司的全资子公司，但在管理和运营方面独立于其母公司。其职责是希腊配电网的运营、维护和发展，包括非互联电网以及希腊岛屿上的发电设施。在岛上，配电运营商负责与电力零售供应商签订电力购买协议（PPA），还管理电力消费者以及零售电力供应商和电力生产商对配电网络的接入。

12.1.4 电网调度机制

希腊的调度机构是希腊输电调度中心（IPTO-ADMIE），履行《关于可再生能源许可程序的新法律》（希腊法第 4001/2011 号）第 94 条规定的所有职责。这些职责如下：

（1）确保电力系统的长期运行能力，以财务和环境可持续的方式满足合理的电力传输需求。允许所有发电和供电许可证持有者以及法律上免除许可证持有义务的当事人和高压消费者使用该系统。允许根据希腊电力传输系统操作规范将希腊电力配电网络连接到系统，管理系统的电力传输，同时考虑与其他互联系统的电力交换。确保系统的安全、可靠和高效运行以及必要的辅助服务的可用性，包括提供需求响应服务，这种可用性独立于任何其他输电系统。

（2）准备连接到系统的发电厂的调度计划，确定可用发电厂的互联使用情况和实时调度性能。提供与系统互联的其他系统和网络运营商，以及与安全和有效运行相关的所有信息，以及系统与上述系统和网络的协调开发和互操作性。为系统用户提供所有必要信息，以确保他们有效访问系统。在透明、客观和非歧视性标准下提供所有服务，以避免用户或用户类别之间的任何歧视，特别是与希腊调度中心关联的实体之间的歧视。根据欧洲议会和理事会条例（EC）714/2009 号第 13 条收集系统接入费和根据传输间系统运营商补偿机制进行相关交易。

（3）授予和管理第三方对系统的访问权限，并在拒绝此类访问时提供合理的解释。参与工会、组织或其他实体，目的是在欧洲共同体法律支持下制定统一的内部电力市场的共同行动规则，特别是通过特定方式分配和提供电力传输权。在希腊输电调度中心的网站上发布所有能源监管局（RAE）批准的电价，向系统用户收取费用。计算事后系统边际价格（SMP）。

（4）与市场运营商和配电运营商合作，清除所有的发电—需求不平衡和相关交易。在相关招标程序的基础上，提供电力交易协议，包括需求管理协议，提供辅助服务，以便在实时系统运行期间平衡发电需求，并遵守希腊输电系统运行规范。提供有关调度中心职责问题的技术咨询服务，提供输电系统运营商或业主关于费用和参与研究计划以及欧盟资助计划的咨询服务，只要此类服务不妨碍调度中心职责的执行。

12.2　主要电力机构

12.2.1　希腊国家电网公司

12.2.1.1　公司概况

希腊国家电网公司（IPTO）是希腊唯一的输电系统运营商（TSO）。公司承担责任并履行法规所述的希腊电力传输系统主要运营商的所有职责，符合希腊电力传输系统操作规范和管理许可。遵守适用于独立传输运营商模型的要求，于 2012 年 12 月获得能源监管局（RAE）的认证。

希腊国家电网公司的使命是电网的运营、管理、维护和开发，以确保国家的电力供应，以足够安全、有效和可靠的方式确保与其发生交易的相关电力市场的运作。根据透明、平等和自由竞争的原则，确保电力市场的独立性，严格遵守所有系统用户和所有参与者的"平等待遇"原则。确保电力市场运作透明，并遵守 ADMIE 控股公司管理的保密原则。

ADMIE 控股公司（ADMIE Holdings Inc）拥有希腊国家电网公司（IPTO）51% 的股份，DES ADMIE SA 拥有其 25% 的股份，中国国家电网有限公司拥有 24% 的股份。

12.2.1.2　历史沿革

2014 年 2 月，希腊国会通过了希腊国家电网公司私有化法案，拟通过公开竞标方式将希腊国家电网公司 66% 的股权出售给投资者，剩余的

34% 仍将由希腊政府继续持有。同年 12 月，希腊政府提前举行大选，当时反对私有化的左翼激进联盟党在选举中获胜，希腊国家电网公司 66% 股权私有化项目中止。

2016 年 5 月，希腊国会批准了新的希腊国家电网公司私有化方案，启动出售 24% 股权的国际招标。中国国家电网有限公司抓住机遇参加竞标，并于 11 月 24 日成功中标希腊国家电网公司 24% 股权。

2017 年 6 月 20 日，项目顺利完成股权交割。中国国家电网有限公司派驻高管团队与当地合作伙伴一道开展日常运营管理工作。

12.2.1.3 组织架构

希腊国家电网公司组织架构见图 12-4。希腊国家电网公司主要是由董事会负责管理及监管重大项目的决策及公司发展方向，由内部审计委员会负责监督董事会的各类事项。

图 12-4　希腊国家电网公司组织架构

12.2.1.4 国际业务

希腊国家电网公司目前有 5 个希腊岛屿联网和欧亚联网项目，旨在加强与相邻国的输电系统的联通，降低未来电力供应的风险。

（1）克里特岛与希腊电力传输系统（伯罗奔尼撒半岛—克里特岛）的电力互联。该项目包括在克里特岛和伯罗奔尼撒半岛之间建设电压等级 150kV，容量 2×200MVA 互联线路。包括：两条新的海底电缆，每条电缆长 135km；升级和新建输电线路；伯罗奔尼撒和克里特岛的地下电缆和变电站；克里特岛的静态同步补偿器。海底电缆的着陆点位于 Kissamos 湾（克里特岛）和 Malea 半岛（伯罗奔尼撒半岛）。

（2）架空 400 kV 输电线路超高压变电站项目。该项目的区域在于东马其顿—色雷斯和中马其顿，涉及建设 400kV 架空输电线路，该线路将马斯顿地区（LAGADA）的超高压变电站连接到腓利比（马其顿地区的古城 PHILIPPI）的超高压变电站，传输线的长度约为 110km。

（3）Attica- Crete 和 Attica- Peloponnese-Crete 互联项目。该项目由

310km 水下电缆连接克里特岛与大陆，容量分别为 1000MW 和 400MW。

（4）基克拉迪群岛互联互通项目。该项目是基克拉迪群岛与大陆输电系统的互联互通。项目分三个阶段完成，确保在未来 30～40 年内为锡罗斯岛、帕罗斯岛、蒂诺斯岛、米科诺斯岛和纳克索斯岛提供可靠、经济和充足的电力供应。A 阶段由锡罗斯岛与拉夫里翁（大陆）以及帕罗斯岛、米科诺斯岛和蒂诺斯岛屿的互联组成。B 阶段由帕罗斯岛与纳克索斯岛的互联线路以及纳克索斯岛与米克诺斯岛的互联线路组成。C 阶段由拉夫里翁（大陆）和锡罗斯岛之间的第二个互联组成。

（5）希腊和保加利亚之间的新互联线路项目。共同利益项目（PCI）涉及在 Maritsa East 1（BG）和 Nea Santa（EL）之间建设新的单回路 400kV 互联线路。线路长度约为 130km，容量限制为 2000MVA。该项目将增加保加利亚—希腊边界的转移能力，并将有助于希腊以及保加利亚东北部和南部可再生能源的安全整合，实现该地区 400kV 网络的加强，这将对欧洲和土耳其电力系统之间互联电网的运行安全产生重大积极影响。

12.2.1.5 科技创新

希腊国家电网公司目前对于电力部分的规划是希望对希腊和保加利亚区域互联电网进行扩建和现代化；通过 Nea Santa-Maritsa 线路连接以色列、塞浦路斯。

希腊能源格局的关键是该国岛屿与大陆未来电力互联的问题。目标是到 2030 年将所有的希腊岛屿进行电力互联。为了实现这一目标，基克拉迪群岛和阿提卡地区之间的互联已经完成。其他项目包括 2021 年克里特岛与伯罗奔尼撒半岛和 2024 年克里特岛与阿提卡地区的互联，以及用非可再生能源发电的相互连接的岛屿。

同时，希腊国家电网公司将新能源战略作为未来的重要发展计划，提倡绿色能源，为减碳减排作出贡献。目标是进一步发展天然气网络，加强该国的天然气基础设施和装置。现有的天然气网络，即 Attica、Thessaly 和 Thessaloniki 的扩建于 2021 年完成，同时计划在希腊中部的马其顿地区建设新的天然气网络。

12.2.2 希腊公共电力公司

12.2.2.1 公司概况

希腊公共电力公司（PPC）是希腊最大的电力生产公司和电力供应公

司，拥有约 740 万客户。希腊公共电力公司目前的发电组合包括传统的热电和水力发电厂以及零售电力供应商，约占该国总装机容量的 68%。

分拆输电和配电部门后，希腊公共电力公司拆分成两个子公司，即独立输电运营商（IPTO）和配电运营商（HEDNO）。独立电力传输运营商负责希腊电力传输系统及其互联系统的管理、运营、维护和开发，而希腊电力分配网络运营商则负责希腊电力分配网络的管理、运营、开发和维护。

希腊公共电力公司的营业额为 53.9 亿美元，总资产达 169.4 亿美元，是希腊最大的发电公司，也是该国约 720 万客户的最大电力供应商，是东南欧市场的领导者。

希腊公共电力公司目前的装机容量为 12.1GW，由传统的火电和水电以及新能源发电组成，约占该国总装机容量的 60.6%，其中约 32% 的总电量来自褐煤。希腊公共电力公司还拥有配电网络，包括中低压线路 238219km，高压线路 989km。

12.2.2.2　历史沿革

1889 年，"电力"来到了希腊。雅典的阿里斯蒂杜街建造了第一座发电厂。宫殿是第一座被照亮的建筑物，电气照明很快就传到了首都。塞萨洛尼基当时仍然在土耳其的占领下，在同一年看到电灯，土耳其当局委托比利时公司建造一座照明城市并为有轨电车供电的发电厂。十年后，跨国电力公司——美国 Thomson-Houston 公司与希腊国家银行一起成立了希腊电力公司，该公司承担了主要希腊城市的电力供应。到 1929 年，250 个人口超过 5000 人的城市获得了电力供应。在最偏远的地区建造发电厂对于大型公司无利可图，电力供应由地方当局或建造小型发电厂的个人承担。

1950 年，希腊约有 400 家公司参与电能的生产。他们使用的原材料是燃料油和煤炭，这些都是从国外进口的。这种分散的发电以及燃料的进口使得电价非常高（比其他欧洲国家的价格高出 3～5 倍）。因此，电力是一种奢侈品，而且在大多数情况下，电力仅在当天的特定时段供应，并且经常突然断电。

工业和农村的需求推进了希腊的统一电气化进程。统一电气化进程必须满足以下条件：利用国内资源，这需要单个电厂无法承担的巨额投资；将发电厂集成到单个互联系统中，以确保在全国范围内分配负荷；建立一个组织，以便在该国的盈利和亏损区域之间分配成本。希腊公共电力公司以最令人满意的方式满足了这些条件。

因此，1950 年 8 月，希腊公共电力公司"为公众利益"而成立。新公司的目标是通过密集开发国内资源来制定和实施国家能源政策，使每个希腊公民能够以尽可能低的价格使用电力。

希腊公共电力公司成立后，重点关注国内能源资源的利用以及所有电力与国家能源互联系统的整合。已经在希腊底土中发现的富含褐煤沉积物开始被开采并用作希腊公共电力公司褐煤发电厂的主要燃料。与此同时，公司在该国的主要河流上建造了水电厂。在相当早的阶段，1956 年，公司决定收购所有私人和市政发电公司，以建立一个综合管理组织。这些年来，希腊公共电力公司一直致力于实现希腊的能源自主权，同时完成了向希腊供电的项目。与此同时，已发展成为希腊较大的重工业企业之一。希腊公共电力公司向全国各地提供电力，从最偏远的岛屿到山区最偏僻的村庄。

12.2.2.3　组织架构

希腊公共电力公司经董事会批准后制定并实施了公司治理准则，确立了希腊公共电力公司治理的框架和指导方针。

根据公司治理原则，希腊公共电力公司治理涉及公司管理层、董事会、股东和其他利益相关者之间的一系列关系，还提供了设定公司目标的结构，确定了实现这些目标的手段，确定了公司面临的主要风险，并且正在监控管理层的绩效。通过这种结构，公司还设计了风险管理系统。希腊公共电力公司组织架构关系见图 12-5。

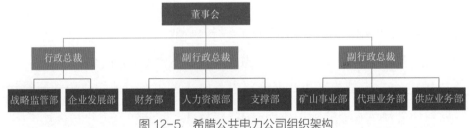

图 12-5　希腊公共电力公司组织架构

12.2.2.4　业务情况

1. 经营区域

希腊公共电力公司是希腊最大的电力生产公司和电力供应公司，拥有约 740 万客户。希腊公共电力公司目前持有褐煤矿、发电、输配电和售电的资产。

2. 业务范围

（1）矿业。在普托莱迈达和城市群的希腊公共电力公司褐煤矿是最为重要的褐煤矿褐煤作为希腊经济的能源燃料，自公司成立以来，8个褐煤厂占其装机容量的42%，占希腊公共电力公司净发电量的56%左右。使用褐煤发电可以为希腊带来巨大的节约（每年约10亿美元）。褐煤是对希腊公共电力公司具有战略意义的燃料，因为它具有极低的开采成本，稳定且可直接控制的价格，并为燃料加油提供稳定性和安全性。

（2）发电。希腊公共电力公司拥有庞大的电力项目来确保本国的充足电力。34个火电厂和水电厂及3个风电场的互联系统，61个克里特岛、罗得岛自治站和其他岛屿的发电厂构成了工业巨头希腊公共电力公司各项经济活动的能源基础。近年来，公司建设新的火电（褐煤、石油、天然气）和水电厂，并提高可再生能源（风能、太阳能、地热能）的利用率。目前希腊公共电力公司总装机容量为12.1GW，净产量达到32.6TWh。

（3）售电。希腊公共电力公司履行代表公司、能源供应商的角色，根据立法负责向全国各类消费者销售电力，旨在确保公司拥有尽可能大的市场份额和适当的商业和定价政策，以及适当的促销和客户沟通措施。截至2018年年底，希腊公共电力公司拥有720万个客户，总共销售了近30TWh的电量。

（4）输配电。希腊公共电力公司拥有高压输电线路989km，同时还拥有中低压配电线路238219km。

12.3 碳减排目标发展概况

12.3.1 碳减排目标

希腊碳减排目标遵循欧盟的总体目标。希腊占欧盟温室气体(GHG)总排放量的2.4%，自2005年以来减排速度高于欧盟平均水平。希腊经济的碳强度从2005年到2019年下降了23%，下降速度较慢，高于欧盟27国的平均水平。

12.3.2 碳减排政策

希腊于2022年出台了该国第一部气候法《国家气候法》，旨在到2050年将温室气体净排放量降至0。该法还建立了一个系统，在未来30年内持续监测和进一步加强监管。《国家气候法》坚持欧盟的目标，即在本十年结束前减排至少55%，到2040年减排80%。但该法律还要求制定部门碳预算，使其成为欧洲最先进的气候法之一。具体而言，该法详细规定了电力和热力生产、工业、运输、农业、建筑、废物以及土地利用和林业七个经济部门五年碳预算的制定。这些部门碳预算将使政府能够持续监测和调整排放目标，为未来制定更严格的目标。例如，该法确认了希腊到2028 年完全消除发电中使用褐煤的承诺。到 2023 年对逐步淘汰化石燃料的最后期限进行审查，考虑到能源安全问题，这一最后期限可能会提前到2025 年。根据《国家能源和气候计划》，希腊的目标是在本十年结束前将可再生能源装机容量翻一番，达到约 20000MW。预计在未来几周内，环境和能源部将公布其开发海上风电场的新监管框架。

12.3.3　碳减排目标对电力系统的影响

希腊在 2005—2019 年间将其可再生能源在最终能源消费总量中的份额提高了 12.4 个百分点。为实现 2030 年的目标，可再生能源在能源消费总量中的份额必须在短短十年内从 19.7% 上升到 35%。在评估希腊的《国家能源和气候计划》时，委员会发现能源结构中 35% 的可再生能源的指示性目标已经足够雄心勃勃。为了实现 2030 年的目标，希腊制定了不同部门的最低可再生能源份额目标，即占最终电力消耗总量的 60%，供暖和制冷占 40%，交通占 14%。

12.4　储能技术发展概况

希腊正试图减少对化石燃料的依赖，鼓励在希腊岛屿上［这些岛屿在未来几年内不会与大陆电网相连（称为非互联岛屿或 NII）］采取举措，以通过可再生能源发电和储能基础设施的结合实现能源自给自足。

美国特斯拉公司为这个方向提供了重要的推动力。特斯拉公司于 2018年 2 月进入希腊市场，建立了电动汽车研发设施，作为其在东南欧的运营基地。特斯拉公司高管于 2019 年 1 月会见了希腊环境与能源部部长，提出了 NII 电气化计划。

可再生能源和储能设施的组合将替换目前为岛屿供电的柴油机组。特斯拉公司正试图确保在莱姆诺斯岛上的试点项目获得批准，该项目将涉及建造一个由太阳能供电的微电网，并结合一个以特斯拉 Powerpack 为模型的储能系统。特斯拉公司已于 2016 年在 Ta'u（美属萨摩亚）和 2017 年在考艾岛（夏威夷）等岛屿部署了这些设备。

希腊有大约 6000 个岛屿，其中大约 200 个有人居住，但只有 20 个连接到大陆电网，包括埃维亚（希腊第二大岛屿）、4 个爱奥尼亚群岛的岛屿和（截至 2018 年 5 月）13 个基克拉迪群岛的岛屿。2018 年 11 月末，与克里特岛（希腊最大岛屿）的第一阶段互联正式开始，并与独立输电运营商签订了必要的合同。

在 2019 年 1 月的会议上，特斯拉公司还表示有意参加于 2019 年由希腊能源监管局根据欧盟智能岛屿倡议宣布的国际招标，其中 3 个爱琴海岛屿（Astypalaia、Symi 和 Kastellorizo）已被选为"智能岛"试点项目。特斯拉公司还表达了对希腊环境与能源部目前正在研究的"混合能源岛"倡议的兴趣，该倡议旨在将可再生能源在非互联岛屿中的渗透率提高到 60% 以上。

与此同时，在大陆，Terna Energy S.A. 正在希腊西部 Amfilochia 市开发抽水蓄能项目。项目总装机容量为 680MW（涡轮模式）和 730MW（抽水模式），将建设两个独立的上部水库和两个独立的发电厂，而现有的 Kastraki 人工湖将作为（公共）下水库。根据适用的希腊法律制度，该项目被归类为战略投资，还被选为欧盟共同利益项目，其设计和环境影响评估由欧盟连接欧洲基金出资 50%。该项目有可能为大陆电网提供灵活性和稳定性，特别是满足希腊电力系统增加的平衡要求，因为可再生能源发电的预期增加。

一个关键问题将是尚未确定的抽水蓄能商业运营监管框架以及目前正在非互联岛屿中开发的一些混合项目（结合风能和抽水蓄能技术）。这凸显了政府监管跟上储能领域发展的必要性。

12.5 电力市场概况

12.5.1 电力市场运营模式

12.5.1.1 市场构成

希腊公共电力公司在 2011 年及以前都保持其主导地位，市场份额约占 98%，但近年来其市场份额在发电和供电方面均大幅下降。在发电行业，由于两个新的电力公司（独立发电商）投入商业运营，2010 年发生了向集中度较低的结构发展的重大变化，并且这一变化在 2011 年得到了加强。就热容量而言，未来市场发展方向预计不会持续，因为所有私人工厂现已完工，预计新工厂将由希腊公共电力公司拥有。目前的情况还算稳定，但如果在未来几年内，因为受到"三驾马车"的压力，又或者是在对希腊公共电力公司产能分配采取替代措施的情况下实施密集的工厂撤资，那么情况就会发生变化。

12.5.1.2　结算模式

目前日前交易市场产生行业参考价格，行业参考价格构成了发电商现金流量的主要组成部分。由于该市场的强制性实物交易，交易的电量等于年需求（包括互联余额）。可以将进口和出口视为市场上不同的交易量，并将其添加到当地的电厂生产中。目前期货市场尚未开发，场外交易也未被授权。但是希腊将按照欧盟的要求开展电力交易改革，以削减成本，保障能源安全。希腊电力批发市场目前建立在强制性电力池制度基础之上，发电商可以互相签订合同，但是需要在电力池之内。电力交易改革将会促进竞争，提高电力交易的透明度，最终降低居民和商业电价。

希腊电力市场运营商（LAGIE）和雅典股票交易所同意联合建立基于日前、盘中、远期和平衡市场的交易机制，初期他们将设立一个清算所。LAGIE 首席执行官 Michalis Filippou 表示其目的是提高企业资金的流动性。

12.5.1.3　价格机制

希腊将进行电力市场改革，最终降低居民与商业用电价格。居民用电和商业用电历史电价见表 12-2。

表 12-2　　　　　　　　　居民用电和商业用电历史电价

年份	电价 /（欧元 / kWh）		年份	电价 /（欧元 / kWh）	
	居民用电	商业用电		居民用电	商业用电
2010	0.1181	0.1036	2015	0.1767	0.146
2011	0.125	0.1182	2016	0.1716	0.1326
2012	0.1391	0.1337	2017	0.1936	0.1215
2013	0.1563	0.1411	2018	0.1866	0.1157
2014	0.1767	0.151			

数据来源：彭博金融数据终端。

12.5.2　电力市场监管模式

12.5.2.1　监管制度

能源监管局（RAE）是一个独立的行政机构，在环境与能源部的监督下具有财务和行政独立性。能源监管局监控能源市场的运营，包括零售电力供应商，就电力零售电价以及输电和配电网络的接入电价发表意见，还负责从零售电力供应商获得发电生产许可证。能源监管局还作为争议解决机构，负责处理对电力部门输电或配电系统运营商的投诉。

12.5.2.2 监管对象

能源监管局主要负责咨询，监测化石燃料的，并控制所有的能源市场，即电力、可再生能源和天然气。此外，能源监管局承担了与石油市场相关的具体责任。

12.5.2.3 监管内容

能源监管局主要负责希腊国内电力市场运作的监管，主要内容包括：内部电力研究和报告的编纂和出版；市场公平竞争规则的更新和制定；消费者权益保护；公共服务义务的规则和定义；环境保护工程和法规的制定；欧盟内部能源市场交易规则的制定以及未来希腊电力发展的战略制定等。为此，能源监管局特别监督以下事项：

（1）批发和零售层面的国内能源市场竞争的程度和有效性。

（2）家庭消费者的价格，包括预付系统、供应商转换率、中断率、维护服务和相关费用，以及客户投诉。

（3）对电力市场中的各类合同执行情况进行监督，保障合同双方的合法权益，防止出现违约等风险，维护市场的稳定运行。例如可能阻止客户与多个供应商同时签订合同或限制供应商选择的排他性条款。

（4）电力和天然气合同条款与中断的可能性以及长期供应合同与国家和欧洲法律的兼容性。

（5）根据现行规定开展能源活动的企业所承担的具体监管义务以及授予其的许可条件。

在上述情况下，能源监管局可就其权限范围内的事项及其行使方式发布非约束性指令和指南，以确保正确和统一地应用《能源法》的监管框架和更充分的利益相关者信息。

能源监管局还监控市场透明度，包括批发价格，并确保能源公司遵守其透明度义务。

第13章

意大利

13.1 能源资源与电力工业

13.1.1 一次能源资源概况

意大利虽位居西方七大工业国之列,但是能源短缺始终是拖累其经济发展的一大短板。由于境内煤炭、石油与天然气资源少,核能在 1987 年与 2011 年的两次全民公投中又遭到彻底摒弃,意大利的能源自给率一直非常低。意大利初级能源消费中 84% 依赖进口,远高于欧盟整体 53% 的对外依赖度。能源短缺的直接后果就是能源价格过高,拖累工业与整体经济的竞争力。

截至 2023 年年底,意大利已探明石油储量 5 亿桶,天然气储量 10000 亿 m^3。天然气主要是从俄罗斯和阿尔及利亚进口,进口总量达到 538 亿 m^3。根据 2023 年《BP 世界能源统计年鉴》,意大利一次能源消费量达到 6.15EJ,其中石油消费量达到 2.47EJ,天然气消费量达到 2.35EJ,煤炭消费量达到 0.31EJ,水电消费量达到 0.26EJ,可再生能源消费量达到 0.76EJ。

13.1.2 电力工业概况

自 20 世纪 90 年代以来,随着经济步入低迷期,能源成本过高对意大利工业与经济竞争力的负面影响逐步突显出来。近几年,对于遭受危机重创的意大利工业体系而言,高昂的能源价格无异于雪上加霜。意大利的平均零售电价曾经比德国高出 77%,比法国和西班牙高出约 60%。如此高昂的能源成本导致工业复苏乏力,也难免会削弱其他结构性变革的积极效应。

鉴于此,为保持与提升工业竞争力,巩固"意大利制造"的国际地位,尽快降低能源成本成为意大利无法回避的艰巨任务。

13.1.2.1 发电装机容量

2023 年意大利全国发电装机容量约 95.43GW,其中天然气发电占

48.5%、煤炭发电占 5.8%、水电占 23.3%、太阳能发电占 5.7%、风电占
11.8%。天然气发电比重逐年降低，水电维持稳定，太阳能及地热能发电逐
年增加。意大利 2023 年各类型电源发电装机容量见图 13-1。

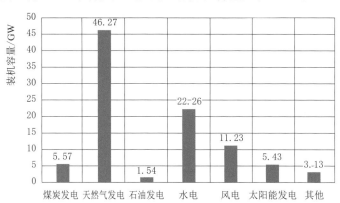

数据来源：彭博金融数据终端。

图 13-1　意大利 2023 年各类型电源发电装机容量

1. 火电

火电在意大利全国发电量中的比重自 20 世纪 60 年代后期开始逐年增加，
截至 2018 年年底，火电装机容量为 62096MW，占总装机容量的 53%。

目前运行中的 1000MW 以上大型火电厂共 17 座。这些大型火电厂中，
规模最大的有 4 座，它们是托莱港、托瓦尔达利加（北）、布林迪西（南）、
蒙塔尔托·迪·卡斯特罗火电厂。每座火电厂的装机容量均为 2640MW，各
装有 4 台 660MW 机组。

在意大利的火电机组中最大单机容量为 660MW。目前在意大利电网中
的主力机组是 660MW、330MW、320MW 机组。由于大机组所占容量比重
较大，火电厂设计基本上实现标准化，机组自动化程度较高，因而其热效
率较高，均在 38% 左右。

意大利原有火电厂基本上都以油为燃料。在世界石油危机发生后，火
电燃料构成略有变化。目前燃油机组的发电量仍占 30%～40%，纯燃煤或
燃气机组的发电量比重上升，相当一部分机组为油、煤、气混燃机组。

意大利政府曾计划发展煤电和气电，但煤电的发展因环保问题遭到火电
厂所在地区的民众反对，故煤电的比重增加缓慢。发展气电虽无环保问题，但
是天然气的供应约有 80% 来源于俄罗斯和阿尔及利亚，受政治上的影响较大。

2. 水电

意大利的可开发水力资源很有限，约有 65TWh，现在这一资源的开

发利用程度已达 70.8%。其早年开发的水电多为小容量的水电站，但在 20 世纪 60 年代以前，水电发电量在全国总发电量中一直占主导地位。至 70 年代初，鉴于可经济开发的水力资源极少，故采取了大力发展火电来替代水电的政策。进入 70 年代中期，水电约占总发电量的 50%。此后水电发展缓慢，只是兴建少量抽水蓄能电站，以及对一些中小水电站进行自动化改造，实现无人值班。水电站大部分集中在意大利北部阿尔卑斯山脉地区。

3. 地热发电

意大利的地热发电有悠久的历史。1904 年开始地热蒸汽的 3kW 蒸汽机发电，1913 年用于 250kW 汽轮机发电，1917 年又投入了 3 台 2750kW 的汽轮发电机组，形成了商业性发电规模。至 1942 年全国地热发电装机容量达 135MW。在第二次世界大战期间，意大利的地热电站大部分被破坏，后经不断恢复和新建，至 1950 年有 20 余台地热发电机组运行，装机容量约 255MW。至 1970 年装机容量增加到 390MW，1980 年为 440MW，1990 年为 548MW，1995 年为 632MW。意大利的地热资源虽有新的发现和开发，但最大的拉德雷洛地热田的资源量在逐渐减少，拉德雷洛电站的发电能力在逐年降低。

4. 太阳能发电

意大利 2019 年新增太阳能发电装机容量达 737MW，较 2018 年的 437MW 同比增长 69%，呈现大幅增长趋势。其中，有 257.9MW 的新增装机容量由规模大于 1MW 的项目提供，占到新增装机总量的 1/3 以上。土地资源丰富的南部地区阿普利亚开始占据了主导地位，新增太阳能发电装机 178MW，其次是撒丁岛 102MW、伦巴第 89.1MW、威尼托 80.7MW 和艾米利亚—罗马涅 57.4MW。

13.1.2.2　发电量及构成

意大利 2017—2023 年发电量及构成见图 13-2。2023 年意大利全国总发电量约 262.58TWh，其中煤炭、石油和天然气合计的化石能源发电占56.7%、水力发电占 14.4%、太阳能发电占 11.8%、风力发电占 9.0%。

意大利 2025 年和 2030 年气候与能源国家综合计划可再生能源装机容量见表 13-1。意大利经济发展部（MISE）发布《2030 年气候与能源国家综合计划》（*National Integrated Plan for Climate and Energy 2030*），将 2030 年可再生能源占比目标提升至 30%，2017 年这一比例为 18.3%。整体来看，55.4% 的电力行业使用了可再生能源，33% 的供热和制冷使用了

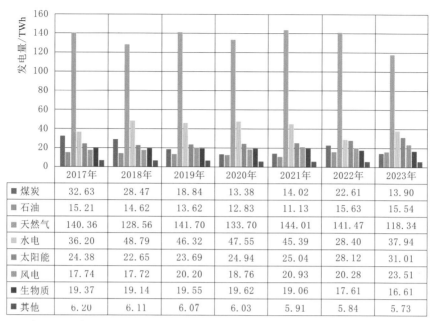

	2017年	2018年	2019年	2020年	2021年	2022年	2023年
■ 煤炭	32.63	28.47	18.84	13.38	14.02	22.61	13.90
■ 石油	15.21	14.62	13.62	12.83	11.13	15.63	15.54
■ 天然气	140.36	128.56	141.70	133.70	144.01	141.47	118.34
■ 水电	36.20	48.79	46.32	47.55	45.39	28.40	37.94
■ 太阳能	24.38	22.65	23.69	24.94	25.04	28.12	31.01
■ 风电	17.74	17.72	20.20	18.76	20.93	20.28	23.51
■ 生物质	19.37	19.14	19.55	19.62	19.06	17.61	16.61
■ 其他	6.20	6.11	6.07	6.03	5.91	5.84	5.73

数据来源：彭博金融数据终端。

图 13-2 意大利 2017—2023 年发电量及构成

可再生能源，21.6% 的交通运输行业使用了可再生能源。单就发电领域，
到 2030 年，可再生能源预计发电 186.8TWh，包括 74.5TWh 的太阳能和
40.1TWh 的风能。

表 13-1 意大利 2025 年和 2030 年气候与能源国家综合计划可再生能源装机容量

能源类型	装机容量 /MW	
	2025 年	2030 年
太阳能	26840	50880
－ 光热发电	250	880
风能	15690	18400
－ 海上风电	300	900
生物能源	3570	3764
地热能	919	950
合计	66159	93194

数据来源：彭博金融数据终端。

从表 13-1 可以看出，意大利计划到 2030 年实现新能源发电总装机容
量 93.194GW，其中包括 50.88GW 的太阳能和 18.4GW 的风能发电装机容
量。目前，意大利太阳能发电装机容量在欧洲排名第二，风能发电排名第
五。该国已实现约 20GW 的太阳能装机容量，距离意大利经济发展部制
定 2025 年 26.84GW 的目标尚有近 7GW 的缺口。

光热发电作为一种新兴的太阳能发电形式也受到了意大利政府的关注，计划到 2025 年开发建设 250MW 的光热发电项目，2030 年提升至 880MW。据了解，意大利供电情况普遍充足，偶尔会出现大面积停电状况。

13.1.2.3　电网结构

意大利电网可按地理位置分为 7 个区域，分别是北意大利（N）、中北意大利（Cn）、中南意大利（Cs）、南意大利（S）、卡拉布利亚（Cal）、西西里岛（Si）以及萨丁岛（Sa）。前 6 个区域均呈南北向相邻，只有萨丁岛通过一条超高压输电线路连接意大利中北部地区。

意大利的输电线路电压自 20 世纪 60 年代后以 220kV 为主，并开始采用 380kV 电压等级。至 20 世纪 90 年代意大利的 220kV 和 380kV 线路已形成了全国电网的骨干网架。至 1995 年已建有 200kV 直流输电线路 513km，220kV 交流输电线路 13300km，380kV 交流输电线路 9312km。

意大利本土与西西里岛之间原有 220kV 架空线路跨过墨西拿海峡，后来又增加 380kV 海底电缆。意大利本土与撒丁岛之间经过法属科西嘉岛铺设有 200kV 直流海底电缆，其输送能力为 200MW。这条海底电缆铺设的目的是将撒丁岛的煤电剩余电力送往意大利本土。该线路 1967 年开始投入运行，运行初期是两端输电。1987 年随着多端直流输电技术有了新的进展，科西嘉岛上建设了第 3 个变流站，使科西嘉岛也能受电，这也是世界上第一次实现 3 端直流输电工程。意大利北部的电源点较多，剩余电量较多，南部电力不足，经常需将西北部都灵地区和东北部威尼斯地区的大量电力输送到南部的罗马地区和那不勒斯地区。

意大利参加了欧洲发输电协调联盟（UCPTE），还参加了南欧四国协调机构（SUDEL），因而其电网参加国际联网运行。目前意大利与其邻国已建有多条联络线路：意大利—法国间有 380kV 输电线路 3 条，220kV 输电线路 1 条，150kV 输电线路 1 条，除以上交流线路外，还有 ±220kV 直流输电线路 2 条；意大利—瑞士间有 380kV 输电线路 2 条，220kV 输电线路 6 条，150kV 输电线路 1 条；意大利—奥地利间有 220kV 输电线路 1 条；意大利—斯洛文尼亚间有 380kV 输电线路 1 条，220kV 输电线路 1 条。

13.1.3　电力管理体制

13.1.3.1　特点

2000 年 4 月意大利国家电力调度中心（GRTN）正式开始运行。意大利国家电力调度中心由意大利财政部拥有100%的股份，受工业部及其他政府部门领导，与电网的拥有者是合同关系。在意大利国家电力调度中心之下又成立了2个公司，即电力市场运营商（GME）和单一购买者（AU），目前意大利国家电力调度中心对这2个公司拥有100%的股份。之后意大利国家电力调度中心又与输电网管理商意大利国家输电公司（Terna）组合形成新的意大利国家电力调度中心。

13.1.3.2　机构设置

意大利的电力市场是目前欧洲最大的开放电力市场。由于经历过大面积电力传输故障，政府下定决心整合了独立电网运营机构和输电网管理商Terna，并组成了一种全新的调度机构模式，为的就是使供电效益最大化和增加传输的可靠性。

目前设置机构包括意大利国家电力调度中心（GRTN）、电力市场运营商（GME）、单一购买者（AU）、电力与天然气监管局（AEEG）、意大利电力交易所（IPEX）。

13.1.3.3　职能分工

1. 意大利国家电力调度中心（GRTN）

意大利国家电力调度中心主要职责为：管理输电网及调度活动；根据安全、可靠性及经济标准明确电网的检修和发展计划；与电网签订合同。

2. 电力市场运营商（GME）

电力市场运营商成立于2000年，负责制定和发布电力市场的规则并通报工业部批准。负责如下事项：遵照透明和公正的原则组织和管理意大利电力市场；促进在电力生产者之间的竞争并保证有足够的电力储备；平衡供需并且在不选择双边直接交易的情况下制定电力生产者和电力用户之间的规则；在经济性分配的前提下，确定电力及其他所有辅助服务的购销价格。

3. 单一购买者（AU）

单一购买者主要职责为确保对代销用户的电力供应。代销用户是区别于合格用户或大用户的用户。意大利目前规定年用电量超过20TWh的用户为大用户，大用户可自由选择供电商，可参与市场竞争；小用户则需要通过配电供应商，通过电力平衡供给系统SB（System Balancer）保证其供电的可用率。目前代销用户的用电量约占总用电量的60%。

4. 电力与天然气监管局（AEEG）

电力与天然气监管局主要负责监管电力市场参与者，包括输电、售电与用电侧的市场参与者。针对不同的电力市场参与者，制定了监管规定并推进监管的实施。此外，电力市场运营商同时在行业标准认证、行业规则制定等电力市场的其他方面实施监管。从不同的监管对象出发，该机构分别设置了具体监管方案，落实有针对性的监管，并对各监管方向的监管力度进行明确设定，以确保后续监管的高效实施。

5. 意大利电力交易所（IPEX）

意大利电力交易所主要给所有符合资格者提供竞价平台，并促成电力交易。主要特点包括：提前一天集合竞价，在当天进行有限度的调整和采用辅助的市场去提供必要的无功补偿和储备能源。

13.1.4　电网调度机制

目前，意大利电力调度统一由意大利国家电力调度中心（GRTN）完成，意大利国家电力调度中心目前与 8 个地区调度中心共同控制全国电网。其特点是统一调度，控制电价平衡。

意大利国家电力调度中心下设战略研究部，主要负责研究市场规划和发展战略；电力系统规划部主要负责研究制定电网的中长期发展规划；系统运行部主要研究电网发展计划。

13.2　主要电力机构

13.2.1　意大利国家输电公司

13.2.1.1　公司概况

意大利国家输电公司（Terna）是欧洲领先的输电网运营商之一，管理着意大利高压输电网络，是欧洲最现代化和最先进的输电公司之一，是电力市场转向环保资源的核心参与者，保证为家庭和企业提供安全有效的电力供应。

意大利国家输电公司是意大利国家高压和超高压输电网的主要运营商，在自然垄断制度下运营并执行在全国范围内输送电力的公共服务任务。因此，意大利国家输电公司 90% 的业务都在受监管的市场中进行。

截至目前，意大利国家输电公司负责管理 72900km 高压线，与国外有 25 条互联线路，拥有 4252 名员工，2018 年收入为 2.42 亿美元。

13.2.1.2 历史沿革

1999 年实施第 79 号法令时，根据独立系统运营商的模式，国家输电网（NTG）与其管理的传输和调度业务剥离，建立了两家公司，其中意大利国家输电公司是国家输电网的所有者。

2005 年，意大利国家输电公司实现了电网所有权和管理权之间的统一，并开始了新阶段。在此期间，公司业务实现了持续增长，并收购了许多其他运营商的电网。为了保护意大利国家输电公司作为国家输电网管理者的自主权，经济和财政部（MEF）通过 CDP（Cassa Depositi e Prestiti）购买意大利国家输电公司资本的 29.99%。

2013 年意大利国家输电公司从意大利国家电力公司（Enel）收购了 18600km 的高压线路，从而成为全国电网 98.6% 的拥有者，也是欧洲第一个独立运营商以及世界第七的独立运营商。

2015 年，意大利国家输电公司以 7.57 亿欧元收购了 Ferrovie dello Stato 集团的高压输电网，巩固了其欧洲领先地位，管理着大约 72600km 的输电线路。自上市以来，意大利国家输电公司的价值翻了一倍多。

2016 年，意大利国家输电公司专注于战略电力线。Villanova-Gissi 和 Sorgente-Rizziconi 电力线投入运营。后者是一条创纪录的电力线，通过意大利国的高压电力系统连接西西里岛和卡拉布里亚，连接了意大利半岛和欧洲其他地区。

2018 年，根据第 21 届联合国气候变化大会（COP 21）和欧盟的指示以及《2017 年国家能源战略》（SEN）目标，意大利国家输电公司加大了对国家电网的投资，以促进发展可再生能源，提高系统安全性。同时，公司旨在加速资产更新，以降低电力中断的风险，提高环境可持续性，并越来越多地采用电网数字化技术，以提高运营和维护性能，充分提升服务质量。

13.2.1.3 组织架构

意大利国家输电公司治理体系符合上市公司"公司治理准则"的原则，还遵守 Consob 提出的建议。该公司的管理模式是董事会负责公司管理，法定审计委员会负责监督。

意大利国家输电公司的治理体系旨在为股东创造价值。公司在国家电力系统中发挥战略作用，电网是意大利的关键基础设施。因此，公司需要充分考虑所有利益相关方，优先考虑电网、员工和运营的安全性，并关注电网安全问题和管理层的透明度。公司详细管理架构见图 13-3。

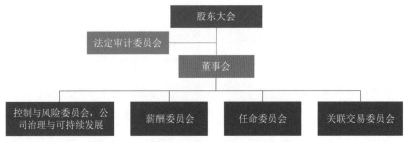

图 13-3　意大利国家输电公司管理架构

13.2.1.4　业务情况

1. 业务区域

意大利国家输电公司主要的业务区域在意大利北部、中北部、南部、中南部、撒丁岛以及西西里岛。

2. 业务范围

意大利国家输电公司主要负责意大利的电力传输，电力调度，电网的管理、维护和开发，是国家高压电网的唯一传输系统运营商（TSO），其他职能包括维持电力供应和需求之间的平衡（调度），确保供电安全以及促进可再生能源的整合。

（1）维护和管理输电网。通过 3 个区域办事处对 8 个运营传输区域进行电力线路、变电站和储能系统的维护。区域办事处开展其他维护活动，包括更新现有设备以提高系统的可靠性，负责规划和开发国家输电网（NTG）。

（2）电力系统调度。保持能源供需之间的平衡是公司的核心业务。调度服务包括：在基础设施维护时规划电力线更换；预测国家电力需求；验证所有电力线的功率传输。由意大利国家电力系统的神经中枢国家控制中心来实时控制国家电力系统以确保电力的稳定输出。

（3）可再生能源的整合。实现这些目标需要考虑能源市场的发展变化。公司的 2019—2023 年战略计划旨在通过完成能源转型以完全整合可再生能源。为此，意大利国家输电公司实施了 2009/28/EC 法令和意大利经济发展部的《国家行动计划》，预计到时可再生能源的电力需求覆盖将达到 35%。

13.2.1.5　国际业务

意大利国家输电公司遵循欧洲能源政策和准则，与欧洲国家建立了庞大的互联互通系统。公司主要在国外提供 4 种服务：①通过参与国际特许权招标，获得和管理海外输电系统；②代表第三方开发高压输电项目设计、采购和建设；③为第三方电力部门提供工程和监管咨询服务；④BOOT（建设、拥有、经营、移交）和BOT（建设、经营、移交），BOOT模型包括输电基础设施的设计、建设和经营及其在规定时间段内的所有权，BOT模型包括设计、建设以及基础设施所有权的移交。

意大利国家输电公司目前在进行的项目有：2016年9月，意大利国家输电公司赢得了乌拉圭投标，创建三个电气基础设施；2017年，与巴西建筑公司Planova签署了一项协议，旨在收购两家在南美国家约500km电力基础设施运营的特许权。

此外意大利国家输电公司与邻国之间有25个以上的互联电网，并计划在法国、瑞士、黑山、奥地利和斯洛文尼亚境内建立五个互联站，其中两个处于建设阶段（意大利—法国和意大利—黑山）。

意大利—法国互联电网：位于Piossasco和Grande Ile的变电站之间，新直流输电线路将使与法国的跨境互联电网成为意大利最重要的互联电网，将跨境互联能力提高1200MW（其中350MW可用在选定企业的第三方接入许可中），从目前的约3GW增加到超过4GW。

意大利—黑山互联电网旨在在意大利和黑山之间建立容量总计约1200MW的跨境互联电网，该项目分为两个部分，每个600MW。

意大利—奥地利互联电网涉及在Nauders（奥地利）和Glorenza（意大利）变电站之间建立新的220kV电力互联系统，共有26km的地下电缆。该项目将使意大利和奥地利之间的跨境互联容量增加约300MW，是目前容量的两倍。

意大利—瑞士互联电网将在瑞士与意大利之间建设新的输电线路，该线路输电模式由交流与直流混合构成。具体地，将在Airolo All' Acqua（瑞士）与Pallanzeno（意大利）的新变电站之间建立380kV输电线路，总距离超过160km。该项目将显著提高意大利和瑞士之间的互联容量，从现有的4GW增加到大约5GW。

意大利—斯洛文尼亚互联电网计划在斯洛文尼亚与意大利间建立一条直流输电线，以提升意大利与斯洛文尼亚之间的输电效率。该项目预计能够在两国间增加约1GW的输电容量，是目前容量的两倍。

13.2.1.6　科技创新

意大利国家电网负责规划和开发国家输电网（NTG）。意大利经济发展部批准的十年计划批准了国家输电网的开发，被称为"电网发展计划"。从长远来看，该计划设想在高压和超高压铺设超过8000km的电力线，其中60%将使用现有的基础设施。此外，从中期来看，必须保证电网与其他网络（运输、天然气、水等）之间更加一体化，以使国家系统和欧洲系统可持续发展。

除此之外，意大利国家电网面临着持续能源转型的创新研究，加速一系列公司战略的研究、开发和创新计划。公司目标是实现向新TSO 2.0模型的过渡，这需要一种新的方法来管理电网系统，这种方法在网络层面上越来越智能和灵活（在市场层面上得益于高效和智能电网等创新技术的使用）。这也将带来前所未有的革命，在短期内促成服务市场中分布式发电、储能和需求资源的整合，以及欧洲国家市场的整合。目前公司的创新研究分为完整的互联网（卫星、无人机、机器人、分布式计算/连接），能源技术（存储、高级分析、需求响应、网络活动管理）和先进材料（添加剂制造材料、HVDC电缆和隔离器、防冰、碳纤维导体）三个发展领域。

13.2.2 意大利国家电力公司

13.2.2.1 公司概况

意大利国家电力公司（Enel）是意大利最大的发电供电商，目前在意大利全国的用户数量有3000万户，占整个意大利的87%。意大利国家电力公司是欧洲唯一通过ISO14001认证的能源企业，旗下主要有电力和天然气两大业务分支。

除此之外，意大利国家电力公司还有20多个电力、能源设备制造、环保设备制造、研究开发、新型能源开发等公司和机构；在国外独资、合资以及参股的公司有10余家，主要分布在西班牙、斯洛伐克、罗马尼亚、保加利亚；在南美、北美设有清洁能源开发公司。2018年12月，世界品牌实验室发布《2018世界品牌500强》榜单，意大利国家电力公司排名第448。2019年7月，《财富》世界500强排行榜发布，意大利国家电力公司位列89位。

13.2.2.2 历史沿革

意大利电力工业早期主要由私营企业经营，1962年后根据《公共电业国有法》，政府接管了全国的私营电力公司，组建了国有的意大利国家电力公司（Enel），对发、输、配电采用垂直一体化管理体制。

1992 年，意大利国家电力公司成为联合股份公司，到 1999 年 11 月，意大利国家电力公司售出了 34.5% 的股份并在米兰和纽约股票交易所上市。当时约有 300 万人买进了该股，使之成为意大利持有最为广泛的股票。1999 年年底，意大利国家电力公司抽资脱离 3 个独立的发电公司，这 3 个公司分别是最大的 Eruogen 公司、位居第 2 的 Elettrogen 公司和 Interpower 公司，其总发电容量为 1500 万 kW。

2000 年 5 月，意大利国家电力公司将它的 26 座水电站卖给了一家合资公司，该公司将负责这些水电站以及相关输变电网的运行。2000 年 4 月意大利国家电力调度中心（GRTN）正式开始运行，财政部拥有其全部股份。GRTN 受工业部和其他政府部门领导，与电网的拥有者是合同关系。GRTN 的主要职责是：管理输电和调度；根据安全、可靠性及经济标准确定电网的检修和发展计划；与电网拥有者签订合同。

2003 年 10 月，为提高机构投资者持有量，意大利经济部作价 22 亿欧元将该公司 6.6% 的股权出售给摩根士丹利（Morgan Stanley）。意大利经济部现今直接持有意大利国家电力公司 50% 的股票，通过国有信贷机构（Cassa Depositi e Prestiti）、零售电力供应商（titi）间接持有该公司 10% 的股票。

如今，意大利国家电力公司是全球第三大电力公司，是意大利国内最大的国有公共事业企业，与美国、法国、罗马尼亚等国家有着密切的合作。

13.2.2.3　组织架构

意大利国家电力公司虽然业务遍及全球，但从总公司而言，组织架构较为简单，实现扁平化管理。意大利国家电力公司下设有五大部门，分别是业务部、行政部、法务部、海外事业部、创新事业部。其中业务部负责主营业务，下设战略发展部、电力生产部、电力传输部、电力销售部、天然气部和新能源部。详细架构见图 13-4。

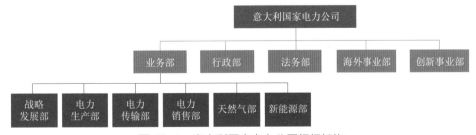

图 13-4　意大利国家电力公司组织架构

13.2.2.4 业务情况

1. 经营区域

意大利国家电力公司在意大利国内经营区域覆盖全国，包括北意大利（N）、中北意大利（Cn）、中南意大利（Cs）、南意大利（S）、卡拉布利亚（Cal）、西西里岛（Si）以及萨丁岛（Sa）。

意大利国家电力公司在海外经营区域也较为广泛，目前覆盖欧洲、亚洲、美洲，与其有商业合作的国家包括西班牙、斯洛伐克、罗马尼亚、俄罗斯、希腊、保加利亚、巴西、智利、摩洛哥、南非、印度、印度尼西亚、中国、加拿大、美国等。

2. 经营业绩

根据意大利国家电力公司 2018 年年报显示，2018 年公司收入约 757 亿欧元，较去年上涨 1%；实现利润约 162 亿欧元，较去年增长 4%。在经营业绩上依然保持持续稳定增长，其中电网业务约 76 亿欧元，热电 11 亿欧元，可再生能源 45 亿欧元，电力销售 29 亿欧元。

13.2.2.5 国际业务

作为一家全球性企业，意大利国家电力公司的全球业务范围从欧洲延伸到北美洲、拉丁美洲、非洲、亚洲和大洋洲，为数亿人提供更可靠、更可持续的电力，在欧洲所有能源公司中有最大的客户群体。

意大利国家电力公司在 34 个国家开展业务，在五大洲拥有 220 万 km 的电网，传输能力近 9000 万 kW。

在欧洲，意大利国家电力公司沿着整个能源链运作，从发电到售电到意大利、西班牙、斯洛伐克和罗马尼亚的终端用户；在俄罗斯、希腊和保加利亚生产天然气，并在欧洲大陆从大西洋到波罗的海的许多其他国家销售电力和天然气。

意大利国家电力公司是美洲最大的能源公司之一，在美国、加拿大、墨西哥、危地马拉、哥斯达黎加、巴拿马、哥伦比亚、秘鲁、巴西、阿根廷、智利等国均有开展业务。

在北美洲，意大利国家电力公司设立了 Enel 清洁能源公司，该公司在美国 24 个州和加拿大 2 个省中开展业务，并运行超过 100 座发电厂，总装机容量超过了 7.4GW，主要提供风能、太阳能、水能、地热能等清洁能源。在哥伦比亚，公司运营有该国最大的火电厂和水电厂，主要服务于首都波哥大的电力需求，拥有约 350 万名客户，总装机容量约 3.59GW。

在南美洲，意大利国家电力公司成立了 Enel 拉丁美洲公司，在拉丁美洲开展相关业务。截至 2018 年，公司在拉丁美洲的清洁能源总装机容量超过 13 GW，为 2450 万客户提供服务。在巴西，公司管理着该国最大的太阳能发电站，同时也是巴西国内领先的风力发电机构。除此以外，公司还在巴西开展充电桩服务、智能照明、分布式发电、节能减排解决方案等业务。公司在巴西共有约 2.7 GW 装机容量，客户数量超 1600 万。在阿根廷，公司运营有阿根廷国内最大的火电厂，另外还在阿根廷国内开展配电业务，主要为首都布宜诺斯艾利斯的居民提供服务，客户数量超过 250 万，总装机容量超 4.4GW。在智利，公司已成为该国最大的发电企业，在该国建立了南美洲第一台地热发电站，另外公司也是智利领先的配电公司，主要为首都圣地亚哥以及其他 33 个周边城镇提供服务，总客户数量超 200 万，总装机容量约 7.3GW。

意大利国家电力公司在摩洛哥和南非生产电力。2015 年，公司在可再生能源领域的各种项目获得了"年度投资者"奖。这种发展将在非洲和亚洲的其他国家继续下去，在印度和印度尼西亚已经初见成效。

13.2.2.6 科技创新

意大利国家电力公司非常强调创新对企业可持续发展的重要作用，在各业务板块上都积极采取创新措施。由于意大利国家电力公司还管理运营意大利大部分配电网，能对接入和退出电网的用户授权，因此智能电网的建设与发展一直是意大利国家电力公司最为重视的创新领域。

意大利的智能电网主要承担三方面重要功能：①发电阶段，需要基于各类电源的电网条件和需求特点，最优化各类电源的运行；②输电和配电阶段，需要通过状态反馈机制，保证电力的可靠性、电能质量、电网安全；③用电阶段，消费者之间需要通过监控和交互设施进行互动。与此相对应，意大利国家电力公司的智能电网发展在配电侧和用户侧有五大重点：智能电表基础设施、电动交通基础设施、分布式能源资源集成技术、储能基础设施、智能电网技术创新。其中，智能电表基础设施对于数字信息的采集、交换和控制具有重要作用；风电、光伏发电等分布式能源的集成综合利用需要建设储能基础设施，以应对该类分布式能源的不稳定性和不连续性；智能电网则融合了电力电子、信息通信、传感测量、超导、控制仿真、大规模储能等一系列新的技术应用，代表了未来电力工业与信息通信等产业的融合发展趋势。

意大利是欧洲最先推行智能电表的国家，智能电表覆盖率在 2014 年已超过 85%，远高于欧盟约 30% 的平均水平，也居世界各国之首。意大利国家电力公司作为其中最重要的推动者，一直积极开展智能电表基础设施建设。

在市场方面，意大利国家电力公司强调计量数据的有效性和数据解决方案，并通过电表数据提供有效的需求管理和增值服务。市场参与者可以很容易地获得认证过的计量数据，并且在没有歧视的条件下，提供新的服务和实施提高能效的改进措施，比如室内自动化控制和主动需求管理等。

2013 年 3 月，意大利发布 2020 年《2013 年国家能源战略》法案，其中提出到 2020 年，可再生能源消费比重占到 20% 左右，其中电力消费占比达 34%～38%。该愿景使意大利分布式可再生能源发电市场渗透率很高，预计 2017 年连接到意大利国家电力公司电网的分布式能源达 31GW。因此，意大利国家电力公司非常重视提高配电侧对分布式可再生能源的智能集成和管理技术，以及智能电网组件应用，如强调对电网结构的优化、分布式能源资源的电网规划与管理、电压调整等，强调为输电系统运营商提供分布式能源的观测和预测信息，以及紧急情况下对分布式能源的控制等。

接入意大利国家电力公司电网的分布式可再生能源主要分布在中压电网，比例达 60%，因此，意大利国家电力公司非常关注将传统中压电网升级为现代智能电网的各类终端设备的研发和应用，如在中压电网增加检测点、检测线路或电压情况、电流谐波失真信息，以及改造现有中压电网开关设备——环网柜、空气绝缘开关等。

分布式能源的使用需要储能设施的配合。意大利国家电力公司非常重视开发新的储能和光伏系统，通过和储能领域的优秀企业签订合作协议，将储能和光伏系统应用于具有较高商业潜力的国家。

在智能电网技术创新方面，意大利国家电力公司一直致力于采取多种措施创新能源分配机制。目前意大利国家电力公司主要采取开放性的投资措施，即大力投资那些具有技术专长的初创公司，通过联合研发推动技术创新。同时，意大利国家电力公司还不断提供更多的项目支持，吸引更多的初创公司与其合作，保持其在技术上的创新性。

作为意大利政府实施其能源政策重要抓手的意大利国家电力公司，一直将保持研发和技术创新领域的领先地位作为公司发展的战略重点，推进电力新技术在基础设施中的应用，尤其是发展智能电网以促进新能源电力在电力消费中的比例，是这些年意大利国家电力公司的发展策略，同时也是意大利《国家能源战略》发展的体现。

13.3　碳减排目标发展概况

13.3.1　碳减排目标

2019 年 12 月发布的意大利《国家能源计划》中，意大利的目标是到 2020 年减排 33%。欧盟最近设定了到 2030 年减排 55% 的目标以后（大大提高了原有的 40% 的目标），时任意大利总理马里奥·德拉吉（Mario Draghi）将气候变化作为其施政的核心，成立了一个新的能源转型部负责国家的绿色发展。意大利计划在未来五年利用 800 亿欧元（960 亿美元）的欧盟能源转型资金，到 2030 年将碳排放量削减 60% 左右，加速到 2050 年脱碳的进程。

13.3.2　碳减排政策

意大利制定了国家气候和能源政策，其《2015 年国家适应战略》承认气候对能源系统的影响，并基于国家评估的气候变化影响、脆弱性和适应措施。与此同时，《国家适应计划（2018 年草案）》为具体行动提供了指导。《2017 年国家能源战略》和《国家能源和气候计划》强调了能源部门气候复原力对确保能源安全的重要性，《2021 年减少温室气体排放长期战略》和《2021 年国家恢复和复原力计划》也涉及能源部门的气候复原力。

意大利当前主要政策及目标见表 13-2。近年来，意大利出台和更新了几项与气候行动有关的立法和战略政策。意大利城市地区空气经常超过污染限制，2019 年 6 月意大利发布改善空气质量的行动计划，其目的是限制空气污染物和支持脱碳。2019 年意大利将《气候法令》转化为法律，进一步使意大利的气候行动措施与欧盟绿色协议保持一致。

表 13-2　　　　　　　　　　意大利当前主要政策及目标

政　策	内　容
停止化石燃料补贴并颁布碳税（2017 年）	2017 年，意大利的化石燃料补贴达到了 190 亿欧元。这项补贴是通过降低企业和个人使用化石燃料的成本，成为碳的负价格。意大利于 2022 年与其他 G7 国家共同承诺 2025 前停止对低效化石燃料的补贴

续表

政　策	内　容
国家再造林战略（2020 年）	保护和增加森林资源，确保森林的广表性和恢复力，使其富含生物多样性，能够为减缓与适应气候危机作出贡献，并为农村、山区社区以及当代和未来公民提供生态、社会和经济效益
能源共同体框架（2018 年）	能源社区是激励能效与节能的工具，促进公民、企业互联，实现能源消、储、换。它由公民、企业联合而成，为自身配置可再生能源生产共享系统，助力将化石燃料集中能源系统，转变为清洁可再生能源驱动的分散高效系统

13.3.3　碳减排目标对电力系统的影响

13.3.3.1　碳减排目标对电网侧的影响

在意大利前总理马泰奥·伦齐的号召下，意大利国家电力公司着力打造光纤网络。希望通过多元化经营提高市场竞争力，光纤网络建设正是其中关键的一环。意大利国家公司表示，将光纤网络与智能电表搭配，将为智能电网的投建和升级提供助力，同时还能与电信商共享光纤网络。2015年年底，意大利国家电力公司在意大利政府的授意下成立了全资控股的子公司 Enel Open Fiber，计划在全国 200 多个城市铺设光纤。

13.3.3.2　碳减排目标对电源侧的影响

根据意大利国家输电公司的数据，包括水电在内的可再生能源在2021 年满足了意大利电力需求的近 36%，发电量共 113.8 TWh。这比2020 年 38% 的可再生能源电力份额略有下降。2021 年风力发电量同比增长 10.8%，风电和太阳能发电在意大利的用电量中占 14.3%。

13.3.3.3　碳减排目标对用户侧的影响

意大利可再生能源协会数据显示，意大利在 2018 年部署了约 436.5 MW的新光伏系统。该协会还表示，2014—2018 年，意大利光伏市场主要由太阳能屋顶驱动。在 2018 年新增加的太阳能光伏容量中，太阳能屋顶容量达到了 389.6MW，并且这当中有部分屋顶容量高达 1MW。在这些新增加的太阳能屋顶容量的构成中，不超过 20kW 的住宅系统所占份额是最大的；而功率范围处于 20～100kW 的阵列，其总容量为 75.8MW，所占份额仅次于不超过 20kW 的住宅系统。除此之外，与 2018 年第一季度和2017 年第一季度相比，2019 年第一季度的光伏发电装机容量最高。2019年 1—3 月的光伏发电装机容量为 105.3 MW，比 2018 年第一季度的装机容量增加了约 18%。在 2019 年第一季度的总装机容量中，一半以上的装机容量来自容量高达 20kW 的住宅光伏系统。意大利《2019 年预算法》（2018 年 145 号法令）将安装住宅光伏系统的奖金发放时间延长至 2019 年 12 月 31 日。根据该法，减税额为 50%，每个单一住房单元的最高支出为 96000 欧元，并分为 10 个相等的年度报价。因此，根据上述观点，在预测期内，住宅部门可能会看到意大利分布式光伏发电市场的巨大需求。

过去几年，意大利政府的可再生能源推广制度和上网电价制度一直在鼓励可再生能源部门。上网电价计划（FiT）——Conto Energia 自 2005 年年底以来一直在意大利施行，保证了光伏行业在施行期间的显著增长。除此之外，成本下降、新的激励措施和雄心勃勃的欧盟可再生能源目标正在推动意大利的分布式光伏发电市场。意大利 20GW 太阳能光伏装机容量中，大部分是在 Conto Energia 上网电价计划施行期间开发的兆瓦级项目。目标是到 2030 年光伏发电装机容量达 50GW。2019 年 6 月，欧盟委员会批准了意大利可再生能源的新拍卖和激励计划。欧盟委员会表示，根据拟议的 54 亿欧元计划，如果清洁电力比其他电力更贵的情况下，那么可再生能源项目预计将在电力市场价格之上获得溢价。这种溢价不能高于每种可再生能源发电的平均生产成本与市场价格之间的差额。预计从 2019 年 6 月起的未来 30 个月内，通过拍卖来确定可再生能源容量的计划会有所收缩，原本计划拍卖约 4800MW 的可再生能源容量。前两轮采购将分配约 500MW 的可再生能源发电产能。在第三轮到第五轮中，每轮采购可能会分配 700MW 产能。最后两轮采购的合同产能将达到 800 MW。欧盟委员会批准的计划还包括一系列容量在 20kW 至 1 MW 之间的可再生能源项目招标。预计第一批投标将专门用于太阳能和风能项目，总容量为 650MW。意大利的计划还包括对总容量为 600MW 的屋顶光伏项目的激励措施。

13.3.3.4　碳减排目标对电力交易的影响

意大利电力批发市场处于自由竞争状态。电力市场运营商（GME）负责电力交易，由意大利经济与财政部持有。电力市场交易包括现货、期货和场外交易，电力市场运营商承担共同对手方（Central Counterparty）的职责。日前竞价目前是意大利电力市场的主要交易方式，意大利被划分成多个竞价区，最后电价由买卖双方的报价和所处的区域决定。

2021 年，意大利明确碳价格包括碳排放交易系统（ETS）许可价格，涵盖能源使用产生的 CO_2 排放量的 35.1%。总的来说，意大利能源使用产

生的 CO_2 排放量的 85.1% 在 2021 年定价，自 2018 年以来保持不变。燃料消费税是一种隐含的碳定价形式，涵盖了 2021 年 77.4% 的排放量，自 2018 年以来保持不变。

13.3.4　碳减排相关项目推进落地情况

　　交通运输是意大利碳排放交易部门中排放量最多的部门之一。因此，为了遵守欧盟的长期脱碳目标和巴黎协议，意大利必须采取紧急和强有力的行动来减少交通运输中的碳排放。

　　（1）通过机动车限行，疏导城市人车的合理流动。意大利通过设定"限制普通车辆通行区"缓解景点周边的交通压力。当污染物的排放水平达到一定程度时，意大利所有市政府均有权利颁布限行措施，即机动车根据车牌尾号单、双数按天交替行驶。同时，积极开展"无车日"活动。

　　（2）通过税收调节缓解交通压力和减少排放污染。

　　1）征收通行税。为了减少机动车排放，意大利根据机动车的排量大小制定不同标准的通行税。排量大的多交税，排量小的少交税。加之保险费用也与机动车的销售价格成正比，以及意大利很多城区内道路狭窄、停车位紧张等因素，两厢车和微型车具有排量小、油耗低、占地少、好停车等优势，受到人们的青睐。

　　2）征收排污费。米兰是欧盟中第一个征收机动车排污费的城市。为了减少机动车的排放，减少大气污染，缓解交通压力，自 2009 年起，作为欧洲人口最密集与工业最发达的城市，依据"谁污染谁负担"的原则，米兰市政府开始向机动车驾驶员征收排污费，作为治理大气污染的一个新举措。根据机动车的排放量，排污费按照五个等级，对机动车每天征收 2~10 欧元。符合条件的纯电动车、混合动力车、天然气车和液化石油气车不征收排污费。

　　3）征收拥堵费。城市道路拥堵问题日益突出，意大利开始征收拥堵费，征收的对象也包括环保汽车。

　　（3）大力发展公共交通，方便人们出行。意大利政府还不断增加投入，通过积极修建地铁、灵活安排公交线路、设立专线车、建立自行车租赁网络等措施，完善城市公共交通系统，提高服务质量和效率，方便人们出行。

　　（4）通过多项举措，促进清洁能源车的发展。意大利纯电动车、混合动力车、天然气车和液化石油气车等环保汽车发展很快，这与意大利政府从费用减免等方面采取了一系列措施密不可分。意大利政府帮助企业研发制造电动或天然气等使用清洁能源的汽车；通过机动车销售税的税收优惠和减免，鼓励消费者选购环保车。

13.4 储能技术发展概况

储能系统在意大利的脱碳和能源安全中发挥着至关重要的作用。2020年1月21日，经济发展部发布了《国家能源与气候综合计划》（PNIEC），设定了能源效率、可再生能源开发和CO_2排放目标。如果没有在意大利实施高效的储能系统，这些目标就无法实现。

意大利对储能系统日益增长的需求在意大利中部和南部尤为明显，那里已经建设了大量可再生能源电站。储能系统与可再生能源的整合将使可再生能源的能源生产更加高效，同时使输配电系统更加稳定和安全。负责监测意大利储能系统安装趋势的意大利国家输电公司最近证实了对储能系统不断增长的需求。根据意大利国家输电公司发布了建设的存储系统的类型和频率的统计数据，截至2022年3月31日，大多数意大利储能设施都与小型太阳能电站相关联，而中大型储能系统则不太常见。与热电厂、燃料电池和风电场相结合的储能系统仍然非常少见。

近年来，意大利有关储能设施的监管框架发展迅速。但管理储能设施法律数量众多，立法相对分散。其中最重要的是意大利能源、网络和环境监管局 (ARERA) 第 1 号决议。该决议首先将储能系统定义为一组装置和设备，其功能是吸收和释放电能，并为在电网中运行，以便向电网供电或从电网中输出电力。此外，该决议规定存储系统可以连接到发电厂，包括可再生能源电站，或者可以独立运行，不连接任何可再生能源电站。存储系统的定义不包括不间断电源（UPS），它们是一种蓄电设施，其主要功能是在发生故障时向电网提供应急电源。

ARERA 还指出，储能系统应被视为与发电厂相同，因为它们具有与电网交换电力的能力。因此，作为一般规则，适用于发电厂的建设、连接和运营的相同规定也适用于存储设施。更具体地说，储能系统的安装及其与电网的集成必须遵守计量、传输、调度和分配服务的各种规则。

13.5　电力市场概况

13.5.1　电力市场运营模式

13.5.1.1　市场构成

意大利电力市场经过 3 次改革，经历了由私有化到开放电力市场到实现实质性拆分的过程。

1. 第一次电力改革：私有化

根据欧盟指令，意大利发布了《贝奈斯法令》（1999 年第 79 号法令），通过循序渐进的方式使向自由市场过渡速度加快。2002 年前伴随着一系列企业拆分行为，已有 40% 以上的电力计划在自由市场上进行交易。

2. 第二次电力改革：进一步开放电力市场

2003 年，欧盟发布 2003/54/CE 的新指令，要求年消费量 100MWh 以上的用户都可自由选择供电商。意大利跟随欧盟的步伐，颁布了包括 2004 年第 239 号法令在内的一系列新法令，规定了垂直一体化的电力能源企业的自然垄断业务部分必须实现法律上的分离。此外，电力行业监管机构提出要尽快实施电网所有权和经营权的统一并推进私有化进程。

3. 第三次电力改革：实现实质性拆分

2010 年，意大利颁布第 96 号法令，要求至 2012 年，发电侧电能的 37% 来自可再生能源发电，至 2020 年可再生能源发电量增加至 100TWh。2016 年新的意大利电力改革方案 369/2016/R/eel 出台。目标是在 2018 年将监管市场全部转移至自由市场，所有的售电用户都将实现自由选择供电商和售电产品。近年来意大利电力部门面临着紧迫的转型压力，除电价偏高外，还出现了电力需求下降、热电发电过剩、可再生能源发电局部过剩等新问题。对此，《国家能源战略》提出要发展一个自由高效且兼容各类可再生能源发电的国内电力市场，同时积极推动欧洲电力市场一体化，具体行动包括：①除压低天然气价格外，还通过减少可再生能源发电补贴、打破大区间电力市场条块分割、提高电网运营效率等方式降低电价；②提高电力服务质量，探索面向不同类型用户的供电模式，尤其要降低中小企业的用电成本；③发展具有高级控制系统与储能功能的智能电网，使可再生能源发电入网更加方便快捷；④推动欧洲电网运营规则的协调与跨境联网。

意大利电力市场构成见图 13-5。像其他欧洲市场一样，意大利电力市场也可以分为两个部分，其中一部分负责保障系统运行，另外一部分负责安排电力交易。前者主要指电力市场保障运行机构，后者以意大利电力交易所为主。

图 13-5　意大利电力市场构成

13.5.1.2　结算模式

电力改革前，意大利仍然是国家统一规定上网及销售电价，即国家能源公司下属的 20 个供电大区，根据各自的发用电结构制定上网电价。改革后国内能源市场竞争性增强，电价显著下降，逐步接近欧盟平均水平。意大利相继放开了配电部门（2011 年）与天然气分销部门的市场定价权（2012 年），同时加强了大区之间电网与输气管道的互联互通。受此推动，其国内电力与天然气市场的竞争性持续增强，至 2015 年已高于欧盟的平均水平。总之，意大利国内电价正朝着向欧盟平均水平看齐的目标稳步迈进。

与其他典型欧盟国家一样，意大利也经常出现电网传输阻塞甚至瘫痪现象，对此，意大利也有其独立结算模式。

由于之前意大利过度依赖传统的化石能源而不推广核电等新能源，其电力价格普遍高于其他欧盟国家。在此情况下，更需要着重分析电力供应的经济效益，特别是在电力传输阻塞情况下，做到尽量减小电力价格的飙升以及提高资源的有效利用率。目前该国市场主要的策略为一方面采用跨区域传输，利用更大的市场鼓励发电企业提供产能，从而降低发电成本；另一方面采用合理的经济调度模式进行电价的平衡，使高需求、竞争大的地区在分配更多电能的同时，收取更高的电价，以平衡低需求地区的电价。但这种不同地区采取不同电价的方式，在电力传输阻塞情况下可能会引发价格的进一步两极化。

事实上，大部分电力传输阻塞问题的根源在于有限的线路容量叠加不稳定的输电容量。由于该事件发生的不确定性和紧急性，通常情况下都是由输配电网络运营商以管控的价格模式去执行临时价格模式，该模式主要以每小时为单位结算,并据此产生一个对于消费者的系统清算价格(SMP)。一般来说,在电力传输无阻塞的情况下,所有的购电者购买每单位电能的价格是一致的。当电力传输阻塞出现后,整个意大利电力市场将根据地理位置被分成多个区域,需求与供应的不一致导致了各地区 SMP 的不同。消费者需要额外支付特定的 SMP,而这个 SMP 根据发电侧的分区 SMP 加权平均算得。这种分区域价格调整策略,正是意大利电力市场进行阻塞管理的关键方式,以此去鼓励发电侧生产更多的电能和利用价格的杠杆调节电能不足情况下的供需平衡。

意大利政府近些年针对不同类型、不同容量的可再生能源项目在不同时期出台了多种类别的电价优惠计划,以下梳理了一些比较常用的电价计划:

(1)馈网电价(feed-in tariffs)。该电价计划是太阳能发电的主要支持方案。该电价计划自 2005 年 11 月 1 日起实施,其提供了自相关电力设施投入运营之日起 20 年的激励电价(根据项目容量等级和整合程度不同设定不同激励电价)。该激励电价旨在支付投资和运营成本。但由于2013 年 7 月达到了最高总成本门槛,新的项目已不再适用。

(2)全包馈网电价(all-inclusive feed-in tariffs)。全包馈网电价计划可适用于除光伏电站外所有小型可再生能源项目(容量小于 0.5MW)。该支持计划的期限根据不同类型的能源略有不同,但基本在 15~25 年之间。表 13-3 详细列出了不同类别能源项目全包馈网电价。

表 13-3　　　　　　　　　意大利全包馈网电价

能源类型	装机容量	电价 /(欧元 /MWh)	电价 /(美元 /MWh)
风能	1~20kW	250	270.8
	21~60kW	190	205.8
	61~200kW	160	173.3
	201kW~1MW	140	151.7
地热能	1W~1MW	134	145.2
沼气		85~233	92.1~252.4
生物质能		150~246	162.5~266.5
水能	常规	101	109.4
水能—河流	1~250kW	210	227.5

(3)额外电价机制——简化能源销售和购买制度(ritiro dedicato)。可再生能源生产者可以自行决定是在自由市场上销售其生产的能源,还是将其出售给能源电力服务商(gestore dei servizi energetici,GSE),然后

再由 GSE 代表该生产者在自由市场上出售能源。在该机制中，GSE 可以被视为生产者和市场之间的中介。根据与 GSE 达成的协议，生产者将产生的电力出售并输入电网给 GSE，GSE 以区域电价或最低保证价格（仅适用于 100kW 以下的电厂）购买并转售电力。

（4）净计量计费机制（net-metering）。该机制主要适用于自产自用的可再生能源项目。在净计量计费机制下，GSE 根据给定时间输入和输出的电量以及各自的市场价值向客户支付款项。具体而言，生产者（同时也是消费者）通过该机制可以获得相当于输入电网的电力价值（例如，对于光伏装置，白天供给的能量）与不同时间消费（即输出）的电力价值之间的差额作为补偿。如果输入的电力多于消费的电力，则生产者有权获得经济补偿，但如果输入量低于消费量，则相差的部分，生产者将获得生产电力的信用额度。此信用额度可以在任何时间使用，没有期限限制。在这种机制下电力系统被用于虚拟存储电力。

13.5.1.3 价格机制

意大利天然气基本依靠从东欧及北非进口，价格较高，因此意大利电价也偏高。意大利电价实行分段计价制，即根据消费量划分几个计价等级，消费量越大，价格越高。意大利自 2008 年起开放了电气市场，居民可自由选择供电和供气公司，引入了竞争，目前电价和天然气价格有下降趋势。

意大利的阶梯电价共分为三个等级，用 F1、F2、F3 表示，以下是它们分别针对的时间段：

（1）F1：周一至周五 8:00—19:00（不含节假日），这是电价最高的一个时间段，这个时间段大量用电可能会让电价账单轻松翻倍。

（2）F2：周一至周五 7:00—8:00，19:00—23:00，加上周六 7:00—23:00（不含节假日）。

（3）F3：周一至周六 23:00 至次日 7:00，外加周日和法定节假日全天。

除此之外，一些用户还可以根据自己的需要申请只有两个时间段区别的 F1 和 F2、F3（opzione bioraria），简而言之就是把上面的 F2 和 F3 合并统一收费，仅划分两个时间段分别统计收费。另外有的用户为了更大的用电自由，会选择 F0，即无区分时段统一电价，价格会介于 F1 和 F2、F3 之间。

13.5.2　电力市场监管模式

13.5.2.1　监管制度

意大利电力监管系统主要由电力与天然气监管局（AEEG）监管。该组织成立于 1995 年 11 月，为高效实现其监管职能，电力与天然气监管局设计了一套较为完整的监管框架，见表 13-4。

表 13-4　　　　　意大利电力与天然气监管局监管框架

监管对象	监管内容	要求规定
发电	新能源接入	鼓励引导
	发电投资	监测建议
输配电	输配电网投资	鼓励引导
	供电安全与可靠性	鼓励引导
	运行质量	要求规定
	资产招投标	监测建议
电力调度	供需平衡监测	监测建议
	批发市场电价	要求规定
	批发市场透明与竞争	监测建议
	交易中断与应急处理	要求规定
	交易联络时间	要求规定
	交易纠纷	要求规定
售电	电价	要求规定
	弱势群体电费优惠	要求规定
	电费账单透明化	要求规定
	切换供电商	鼓励引导
	供电商平台开发	要求规定
	合约保护	要求规定
	抢修时长	要求规定
	服务质量	监测建议
	能耗数据统计	鼓励引导
	节能认证	要求规定
	售电市场透明竞争	监测建议

13.5.2.2　监管对象

意大利电力与天然气监管局（AEEG）对于发电、输配电、电力调度、售电各个环节进行全方位监管。其中发电环节监管能源接入与发电投资；输配电环节监管输配电网投资、供电安全与可靠性、运行质量管理、资产招投标；电力调度环节监管供需平衡、批发市场电价、批发市场透明与竞争、交易中断与应急处理、交易联络时间和交易纠纷；售电方面监管电价、弱势群体电费优惠、电费账单透明化、切换供电商、供电商平台开发、合约保护、抢修时长、服务质量、能耗数据统计、节能认证、售电市场透明竞争。

13.5.2.3 监管内容

1. 发电

（1）新能源接入方面的监管。新能源接入方面的监管主要是对意大利境外新能源发电输入境内的认证流程、关税体系、境内外新能源发电跨区域协调方面实施监管。

（2）发电投资方面的监管。发电投资方面的监管主要针对发电装置投资的协调布局、发电能力的跨区域整合，包括对发电设施投资及布局的监管、为促进发电能力整合实施的监管。

2. 输配电

（1）输配电网投资方面的监管。输配电网投资方面的监管以输电侧和配电侧为监管对象，其监管目的在于评估项目质量，引导资金流向并引导输配电网的健康发展。

（2）供电安全与可靠性方面的监管。供电安全与可靠性方面的监管以输电侧和配电侧为监管对象，其监管目的在于提升输电与配电公司供电可靠性，保障用电系统稳定性，构建基于整体费用的断电成本核算机制。其主要监管手段为物质激励与惩罚，监管内容主要包括输电领域规定、输电与电能计量、配电网投资推进。随着监管内容的不断落实，该部分监管取得了显著成效。

（3）运行质量管理方面的监管。（运行质量管理方面的监管）主要包括输配电网的技术质量管理、输配电业务质量管理。在技术质量管理上，电力与天然气监管局颁布了奖惩条例，对优质与有效运用创新技术的输配电网给予奖励，对未达质量标准的输配电参与商进行惩罚。在业务质量管理上，电力与天然气监管局对配电业务及相关服务实施强制性监管。

（4）资产招投标方面的监管。资产招投标方面的监管是指电力与天然气监管局对单一水电气供应商和分销商提供一套标准化的招标实施准则。其目的在于对供应商和分销商的公开招标程序进行监管，促进高效的信用管理和社会成本最小化，并通过对公开招标程序制定一系列标准化协议程序的监管手段来实现。

3. 电力调度

（1）供需平衡监测方面的监管。供需平衡监测方面的监管主要针对电力调度的监管，其监管目的在于对供电侧与电力需求侧的电力供需平衡实施监测，在提高市场竞争性的同时，促进电力生产和电力传输能力平衡。其内容包括制定电力生产整合方案，以满足多样化的电力需求，并从供需平衡监测着手，促进市场价格稳定，避免市场价格因临时性的供需不平衡关系产生剧烈波动；对输电环节进行长期规划，提升供电可靠性，保障供电安全性。

（2）批发市场电价方面的监管。批发市场电价方面的监管主要是针对电力调度的监管，其监管目的在于对批发市场电价，即非零售终端用户购电价格实施监管。这项监管的实施已取得初步性成果，2014年意大利批发市场电力价格比上年下降了17.3%。

（3）批发市场透明与竞争方面的监管。批发市场透明与竞争方面的监管主要针对电力调度的监管，目的在于促进电力批发市场透明化，提升电力批发市场竞争程度。监管内容主要包括电力批发交易活动监测、批发市场整体监控。

（4）交易中断与应急处理方面的监管。交易中断与应急处理方面的监管主要针对电力调度的监管，其监管目的在于避免电力服务中断时长与频率过高给终端电力用户带来便利性降低甚至效益损失。监管内容主要包括提供每月一次的可中断服务竞拍、设置竞拍份额限制。

（5）交易联络时间方面的监管。交易联络时间方面的监管主要针对电力调度的监管，其监管目的在于提高供电服务效率，减少因供电商更换引起的供电中断现象，避免电力服务中断时间与频率过长给终端电力用户带来便利性降低甚至效益损失，以对电力用户进行权益保护。

（6）交易纠纷方面的监管。交易纠纷方面的监管主要针对电力调度的监管，其监管目的在于提高电力交易纠纷处理效率，以对电力用户进行权益保护。

4. 售电

（1）零售电价方面的监管。零售电价方面的监管主要是针对售电市场与售电系统，其监管目的在于监测电力市场价格波动情况，避免因电价出现大幅度波动而对意大利国内经济活动与居民生活带来直接或间接损失，同时推进电力税收体系的完善与调整，促进电力市场健康发展。

（2）弱势群体电费优惠方面的监管。弱势群体电费优惠方面的监管以售电侧为主要监管对象，其监管目的在于减轻弱势群体用电方面的经济压力，保障弱势群体的用电优惠。为实施对弱势群体的用电优惠政策，电力与天然气监管局设定了一套完善的电费补贴机制，规划了详细的补贴申请流程。

（3）电费账单透明化方面的监管。电费账单透明化方面的监管以售电侧为主要监管对象，其监管目的在于使账单更加透明化与简明易懂。通过对账单的标准化格式进行设定并实施监管，主要包括账单格式优化、收费透明化、电子账单推广活动。

（4）切换供电商管理方面的监管。切换供电商管理方面的监管以售电侧为主要监管对象，其监管目的在于简化供电商交易流程，并修订公司商业行为准则，对电力合约签订进行监管，加强消费者权益保护。通过售电供应商选择平台监管法案的制定，电力与天然气监管局希望保护意大利国内更换供电商的转合约用户。部分监管内容主要包括提供合约续签保障、全渠道覆盖。

（5）供电商平台开发方面的监管。供电商平台开发方面的监管以售电侧为主要监管对象，其监管目的在于获取与整合电力用户在供电商更换方面的信息，分析供电服务信息，监控各供电商的服务提供质量，为供电市场的规范性、合规性、整体性提升提供有利条件，提升供电服务质量，提升供电市场活力。

（6）合约保护管理方面的监管。合约保护管理方面的监管以售电侧为主要监管对象，其监管目的在于完善合同管理，在售电营销与售电合约签订初期，对电力合约进行监督管理，加强消费者权益保护。通过售电供应商选择平台监管法案的制定，保护全体电力用户。

（7）抢修时长管理方面的监管。抢修时长管理方面的监管以售电侧为监管对象，其监管目的是通过数据监测与分析，识别客户的电力抢修需求；缩短输配电公司的抢修时间，缩短终端客户从发现电力中断、电话要求抢修到电力恢复正常的整体时间。电力与天然气监管局规定，输电与配电公司需提前预估抢修时间，且该项工作须在终端客户要求之前完成。

（8）服务质量检测方面的监管。服务质量检测方面的监管以售电服务供应商为监管对象，监管目的为推进售电服务标准化与质量提升，规范售电服务。

（9）能耗数据统计方面的监管。能耗数据统计方面的监管以配电侧为主要监管对象，其目的在于通过配电公司将信息实时传输给综合能源系统，提高数据系统平稳性，并实时监控电力传输及能耗情况。通过出台指引条例，大力推进实施数据同步和能耗数据整合领域的建设，对电力消耗数据和电力结算活动实施管理。

（10）节能认证管理方面的监管。（节能认证管理方面的监管）以节能照明设备为主要监管对象，设置了照明设备节能证书认证体系。该部分属于其他类监管，主要目的在于对照明设备节能证书的推广促进，并通过能源服务管理机制以及相应税收政策实现监管目标。

（11）售电市场透明竞争方面的监管。售电市场透明竞争方面的监管以售电侧为监管对象，主要是对售电市场实施监管，推进售电市场竞争透明性与规范化。对售电市场竞争方面的监管核心内容是：通过市场监测系统，季度披露电力供应商的详细信息，帮助用户了解电价组成结构与自身电力消费构成。

第 14 章

■ 英 国

14.1 能源资源与电力工业

14.1.1 一次能源资源概况

英国是世界上第六大经济体,仅次于德国。私有企业是英国经济的主体,占国内生产总值的 60% 以上,服务业占国内生产总值的 3/4,制造业只占 1/10 左右。英国的能源资源丰富,主要有煤、石油、天然气、核能和水能等。

能源产业在英国经济中占有重要地位。1982 年能源产业对英国经济的贡献达到 10.4%。尽管石油和天然气开采量在 1986 年大幅下降,但它一直是英国经济的主要能源贡献者。

英国煤炭工业经历了第二次世界战之后短暂的再度辉煌后,接着是 20 多年的下滑。2014 年,英国煤炭产量降至 1200 万 t,进口煤在煤炭消费总量中的比重高达 75.5%。2015 年 12 月 18 日,英国煤炭控股有限公司凯灵利煤矿正式宣告关闭,标志着始于 300 年前工业革命时期的英国煤炭工业彻底告别历史舞台。

1970 年以前,英国气体能源绝大部分是煤气,气体能源在能源消费中占比不超过 5%。随着北海油田以及爱尔兰天然气被大规模发现,1980 年天然气消费量较 1970 年猛增了约 10 倍。1991 年,英国在北海海岸探测到了足够用 15 年的大型天然气田,英国进一步加大了天然气在发电中的比例,21 世纪初天然气消费量又较 20 世纪 80 年代几乎翻番,达到历史高点。英国能源经历了从能源进口国到能源出口国,再回到能源进口国的过程。

根据 2023 年《BP 世界能源统计年鉴》,英国一次能源消费量达到 7.29EJ,其中石油消费量达到 2.67EJ,天然气消费量达到 2.59EJ,煤炭消费量达到 0.21EJ,核电消费量达到 0.43EJ,水电消费量达到 0.05EJ,可再生能源消费量达到 1.34EJ。

14.1.2 电力工业概况

14.1.2.1 发电装机容量

截至 2021 年，英国全国装机容量为 110.9 GW，可再生能源约占总装机容量的 35.7%，装机容量为 39.6GW；化石能源的装机容量占比为 45.5%，其装机容量为 50.4GW；水电装机容量为 6.2GW，占比 5.6%；核电占比 7.5%，其装机容量为 8.3GW。英国 2021 年装机容量见图 14-1。

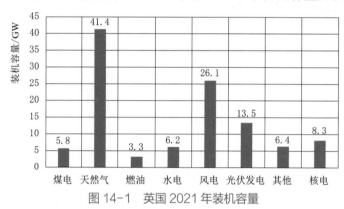

图 14-1 英国 2021 年装机容量

14.1.2.2 发电量及构成

2021 年英国总发电量约为 90.24TWh。发电能源结构中，可再生能源占英国总发电量的 29.9%，包括核电在内的低碳能源占英国发电量的 81.1%，来自化石燃料的份额处于历史最低点。据了解，英国电力可靠率达 99.95%。英国 2017—2021 年各类型能源发电量见图 14-2。

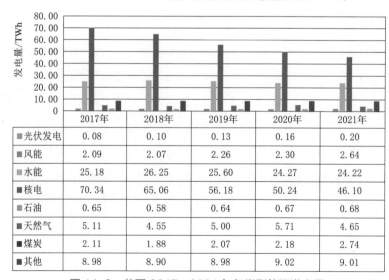

	2017年	2018年	2019年	2020年	2021年
■光伏发电	0.08	0.10	0.13	0.16	0.20
■风能	2.09	2.07	2.26	2.30	2.64
■水能	25.18	26.25	25.60	24.27	24.22
■核电	70.34	65.06	56.18	50.24	46.10
■石油	0.65	0.58	0.64	0.67	0.68
■天然气	5.11	4.55	5.00	5.71	4.65
■煤炭	2.11	1.88	2.07	2.18	2.74
■其他	8.98	8.90	8.98	9.02	9.01

图 14-2 英国 2017—2021 年各类型能源发电量

14.1.2.3 电力消费情况

2022 年英国总用电量为 305.4 TWh。在 2005 年达到 357TWh 的峰值，此后逐年下降，2022 年受到脱欧后经济不景气的影响，用电量创下二十年来的历史新低。英国 2002—2022 年电力消费趋势图见图 14-3。

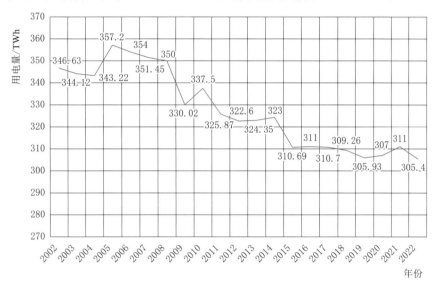

图 14-3 英国 2002—2022 年电力消费趋势图

工业用电同比有所下降，2018 年商业和居民用电与 2017 年相比有所上升，英国 2008—2018 年分部门电力消费情况见图 14-4。

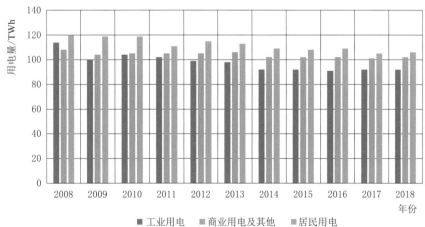

图 14-4 英国 2008—2018 年分部门电力消费情况

14.1.2.4 电网结构

英国电网按照地理分布可划分为三大系统：英格兰和威尔士电网、苏格兰电网及北爱尔兰电网。英国电网最高输电电压等级为 400kV。

英国输电网电压等级主要为 400kV、275kV（苏格兰地区的 132kV

电网也属于输电网），拥有超过 22000km 的架空线，1200km 以上的电缆，拥有变电站 685 座，主变压器 1160 台。英国配电网主要由 132kV、66kV、33kV、11kV、400V 电压等级构成，城市配电线路主要为电缆。纵观英国电网，北部电源大于负荷，南部负荷大于电源，呈现北电南送的电力流格局。英国电网情况见表 14-1。

表 14-1 英国电网情况

项 目	400kV	275kV	132kV	其他	合计
架空线长度 /km	11634	5766	5254	—	22654
电缆长度 /km	195	498	216	327	1236
变电站 / 座	163	127	395	—	685
变压器 / 台	363	487	290	20	1160

数据来源：中国电器工业协会。

英国是低碳经济的倡导者和先行者，大力推广智能电网，2020 年为 3000 万户住宅及写字楼共计安装 5300 万台智能电表。英国建立了基于 GPS 的管理系统，并给技术人员配备手持电脑，可迅速定位故障，合理调配人力，提升响应能力和工作效率。

14.1.3 电力管理体制

14.1.3.1 特点

英国政府分两个层次对电力进行管理。

（1）第一层是由政府机构、全国工业与贸易局从三个方面对电力工业实行宏观调控，即发展规划、法规及政策、核电及安全。

（2）第二层次是电力管理办公室，它不是政府机构，主要任务有：①确保合理的用电需求得到满足；②促进和规范电力企业的竞争；③核发电力企业专营许可证；④确保各层次的电力价格按规定的原则实行；⑤保证持有许可证的电力企业具有足够的资金进行电力生产和电力建设。

14.1.3.2 机构设置与职能分工

英国的电力政府监管机构主要包括 4 个部门。

（1）能源气候部。能源气候部是能源宏观政策的制定部门。

（2）天然气与电力市场监管办公室（Office of the Gas and Electricity Markets, OFGEM）。OFGEM 是英国电力监管部门，独立于政府，受议会监督，同时监管天然气和电力两个市场，主要监管手段是价格监控，负责对运营天然气和电力输配网络的垄断公司实施监管，制定发展战略、设置政策优先性、对价格执行与监管等重要事项具有决策权。OFGEM 的经费来自其所监管企业缴纳的年费，但是其监管活动独立于这些企业。

（3）公平交易办公室。公平交易办公室主要依据《反垄断法》《竞争法》及《公平交易法》对市场、企业并购等行为进行监管。

（4）竞争委员会。竞争委员会主要应前两者的要求对纠纷处理进行详细的调查、仲裁。

14.1.4　电网调度机制

英国电力市场有两家电力交易机构（N2EX 和 APX），建立了独立于电网调度的期货、现货交易市场。英国国家电网公司作为输电网运营商负责整个英格兰和威尔士的电网调度、输电和系统规划。目前，英国电力市场电能交易以双边交易为主，实时平衡机制为辅，绝大部分电力交易由发电商与供电商之间直接签订双边交易合同，市场成员通过签订多种不同类型的合同来组成自己的发用电曲线。

英国的系统平衡管理包括平衡机制和平衡服务调节（balancing services adjustment data, BSAD）两部分，由英国国家电网电力运输公司（National Grid Electricity Transmission, NGET）负责。BSAD 是指通过平衡服务进行的平衡操作。英国国家电网公司负责全英国电力系统的调度和控制，是唯一输电系统运营商和调度操作者。

英国实现电力平衡主要是通过激励发电商和供电商自行兑现合同约定的发用电曲线。发电商和供电商提前一天的中午 11：00 前会提交一份初步发用电计划；在关闸时间，调度执行开始前 1 小时或更长时间内，发用电计划还可进一步修改。发用电计划不仅约定了发用电力曲线，还要对增减出力 / 负荷功率进行报价。国家电网公司会根据报价情况在必要时调用。但是，最终合同执行过程中由于负荷预测偏差、局部输电阻塞、市场成员经营策略等因素，电力平衡总会发生或多或少的偏差，由国家电网公司负责维持平衡，该部分不平衡电量约占总电量的 2%。

平衡机制是国家电网公司平衡电力供需的主要工具，通过每天以半小时为周期的交易执行过程实现。在平衡机制中，由单台机组或者负荷集成体构成的平衡单元作为参加报价和受调度控制的基本单元。平衡单元需要在其最终发用电计划的基础上，向系统调度机构提交卖电报价和买电报价。

卖电报价包括增加发电出力和降低负荷需求两种类型；与此对应，买电报价则包括降低发电出力和增加负荷需求两种类型。在关闸时间后，系统调度机构主要依靠接受平衡单元提交的报价来保障系统运行满足各类安全约束。除了接受报价之外，调度机构还可以通过平衡调整机制和负荷控制机制等手段来保障系统安全运行。英国平衡市场机制见图 14-5。

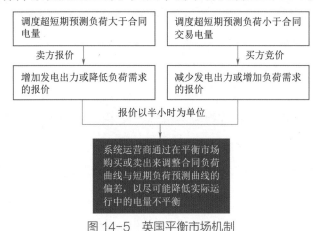

图 14-5　英国平衡市场机制

14.2　主要电力机构

14.2.1　英国国家电网公司

14.2.1.1　公司概况

英国国家电网公司（National Grid）是一家英国电力和天然气公用事业公司。公司在英国和美国东北部运营。

英国国家电网公司在美国经营超过 14000km 的电力传输网络，并向马萨诸塞州、纽约州和罗得岛州的东北部地区提供电力和天然气，为 330 万客户提供电力，为 340 万客户提供天然气。

英国国家电网电力传输公司（National Grid Electricity Transmission，NGET）是国家电网公司（National Grid）的子公司，成立于 1935 年，总部设在英国，目前在职员工为 22650 人，拥有并经营英格兰和威尔士的受监管电力传输网络，并且也是苏格兰高压输电网络的系统运营商。整个传输网络包括约 7200km 架空线，1560km 地下电缆和 346 个变电站，在可靠和高效连接到发电电源方面发挥着至关重要的作用。

英国国家电网公司 2022 年总营收约 190 亿英镑，其中输电业务 40 亿英镑，配电业务 109 亿英镑，运营业务 37 亿英镑。不同业务板块收入情况见表 14-2。

表 14-2 英国国家电网公司不同业务板块收入情况

项目	收入/百万英镑				
	英国	新英格兰	纽约	电网投资	小计
输电	2601	73	493	869	4016
配电	1712	3786	5500		10998
运营	3763				3763
其他	98	8	15	168	289
合计	8174	3867	6005	1037	19086

14.2.1.2 历史沿革

英国国家电网公司成立于 1935 年，并在英国设立了 7 个电网区域，分别是纽卡斯尔、利兹、曼彻斯特、伯明翰、布里斯托、伦敦和格拉斯哥。在第一次世界大战后的几年里，发电厂建设的频率降低，煤成为了一种定量的燃料来源，但用电量还在持续增加。因此，从 1937 年至 1945 年，英国国家电网公司开始扩建，到 1942 年，英国拥有 500 英里的新输电线路。

1986 年英国天然气私有化。

1990 年英格兰/威尔士的输电网私有化后转入英国国家电网公司。

1995 年英国国家电网公司在伦敦证券交易所上市。

2000 年英国国家电网公司收购新英格兰电力系统（New England Electric System）和东部公用事业联合公司（Eastern Utilities Associates）。

2002 年尼亚加拉莫霍克电力公司与美国国家电网合并，英国国家电网公司与莱迪思集团合并组成英国国家电网电力传输公司。

2005 年英国国家电网公司出售四个英国地区天然气配送网络。

2006 年英国国家电网公司收购罗德岛天然气配送网络（Rhode Island gas distribution network）。

2007 年英国国家电网公司收购凯斯潘公司（KeySpan Corporation）。

2007 年英国国家电网公司出售英国/美国无线基础设施运营部和澳大利亚巴斯林电力互联公司。

2008 年英国国家电网公司出售 Ravenswood 发电厂。

2010 年英国国家电网公司配股筹集到 32 亿英镑。

2012 年英国国家电网公司出售新罕布什尔州电力和天然气配送业务。

2016 年英国国家电网公司分离其英国天然气分销业务。

2017 年英国国家电网公司出售其英国天然气分销业务 61% 的股权。

14.2.1.3 组织架构

英国国家电网公司有四个子公司，业务板块包括电力传输、天然气输送、国家电网风险投资和其他活动，以及美国天然气和电力分配和传输。英国国家电网公司组织架构见图 14-6。

图 14-6 英国国家电网公司组织架构

14.2.1.4 业务情况

（1）英国业务。英国国家电网公司拥有并经营英格兰和威尔士的输电网络，负责平衡供需，同时也是苏格兰电力网络的系统运营商。英国整个输电网络包括约 7200km 架空线，1560km 地下电缆和 346 个变电站。

天然气输送系统大约有 7660km 的高压管和 24 个压缩机泵站与 8 个配电网以及其他第三方独立系统相连。

（2）美国业务。英国国家电网公司拥有并经营输电网络，且横跨纽约州、马萨诸塞州、新罕布什尔州、罗得岛州和佛蒙特州；同时在纽约州北部、马萨诸塞州和罗德岛拥有并经营配电网络。电力传输网络有约 14293km 架空输电线、168km 地下电缆以及 387 个输电变电站；配电网有约 117082km 线路，在新英格兰和纽约州北部有 740 个配电变电站；公司还拥有约 57001km 的天然气管道，供应约 25659km^2 区域的天然气。

14.2.1.5 科技创新

英国国家电网公司创建了一个技术和创新团队，专门负责新技术战略制定，时刻监控新兴技术和业务模式趋势，并作为新兴技术进入核心受监管业务和业务开发团队的桥梁；公司还参与了早期能源技术风险投资。

在英国，英国国家电网公司与西门子公司签署了一项 4000 万英镑的创新合作，以研究和开发输电线路上气体绝缘线路的使用。在这合作项目中，公司还计划开发一种无 SF_6 绝缘气体混合物，其对全球变暖的影响不到 SF_6 的 0.05%。

在美国，英国国家电网公司被批准在马萨诸塞州建造容量高达 20MW 的光伏电站，作为"太阳能二期"计划的一部分。这些电站具有先进的电网交互控制功能，超出了典型光伏设施的要求。公司还与电力研究所就分布式能源整合、储能、资产管理、系统运营、信息和通信技术以及系统规划进行了合作。

14.3 碳减排目标发展概况

14.3.1 碳减排目标

英国是全球首个以国内立法形式确立净零碳排放目标的国家。英国于2019年6月通过了新的《气候变化法》修订案，将2050年净零排放的目标编入法典。截至目前，英国政府已立法5个碳预算，预算均以1990年为基准年，设定碳减排目标。其中第一个和第二个碳预算已经完成，英国有望超额完成第三个碳预算。但是按照目前每年约2%下降的减排趋势（除去2020年新冠疫情的特殊情况），英国可能无法满足第四个和第五个碳预算要求。2021年4月，英国公布第六个碳预算期，并推出相应措施和计划，以期到2035年实现与1990年相比温室气体减排78%的目标。

14.3.2 碳减排政策

2002年5月31日，英国与欧盟其他成员国一同签署了《京都议定书》并积极参与温室气体减排行动。2008年，英国正式颁布《气候变化法》，成为世界上首个以法律形式明确中长期减排目标的国家。2019年6月，英国新修订的《气候变化法》生效，正式确立到2050年实现温室气体"净零排放"，即碳中和。2020年11月，英国政府又宣布一项涵盖10个方面的"绿色工业革命"计划，包括大力发展海上风能、推进新一代核能研发和加速推广电动车等。2020年12月，英国政府再次宣布最新减排目标，承诺到2030年英国温室气体排放量与1990年相比，至少降低68%。英国"绿色工业革命"计划见表14-3。

表 14-3　　　　　　英国"绿色工业革命"计划

类别	计 划 内 容
能源类	1. 发展海上风能，利用海上风电为每家每户供电，到2030年，英国要实现海上风电装机容量达40GW
	2. 推动低碳氢发展，到2030年实现5GW的低碳氢能产能；在十年内建设首个完全由氢能供能的城镇
	3. 提供先进核电，将核能发展成为清洁能源来源，包括大型核电站及开发下一代小型先进的核反应堆

类别	计 划 内 容
交通类	4. 加速向零排车辆过渡,到2030年(比原计划提前十年)停售新的汽油和柴油汽车及货车;到2035年停售混合动力汽车
	5. 推动绿色出行,将骑行和步行打造成更受欢迎的出行方式,并投资适用于未来的零排放公共交通方式
	6 推动航空和航海零排放,通过飞机和船只零排放研究项目,帮助脱碳困难的行业变得更加绿色清洁
公共设施类	7. 发展绿色建筑,让住宅、学校和医院变得更加绿色清洁、保暖和节能,到2028年,安装60个热泵
自然环境类	8. 发展碳捕捉、使用与封存技术,成为环境中有害气体捕集与封存技术的世界领导者,并计划到2030年清除1000万 tCO_2
	9. 保护并恢复自然环境,每年种植3万 hm^2 树
创新类	10. 为实现上述新能源目标研究更多尖端技术,将伦敦金融城发展成为全球绿色金融中心

14.3.3　碳减排目标对电力系统的影响

14.3.3.1　碳减排目标对电网侧的影响

近期,在英国欣克利的电网连接工程中,英国国家电网公司正在新型杆塔上安装向电网输送低碳电能的输电线路。

T形杆塔是一种用于架空输电线的新型杆塔。其拥有一个柱体和一个T形横臂,横臂两侧像耳环一样悬挂着支撑导线的菱形绝缘子。在萨默塞特郡的Bridgwater和Loxton之间已经建成了48座T形杆塔。

导线用重7.5t、高2.5m的圆桶运送到现场。工程师团队首先通过悬挂在菱形绝缘子上的滑轮在至多12个T形杆塔之间拉起一根钢缆。较重的导体通过矩形连接头连接到钢缆上,并使用大型绞车将其通过滑轮拉回。工程师控制绞车的速度,引导导线就位,然后再将其固定在绝缘子上。

每个T形杆塔之间的档距长达360m,导线一次安装在至多12个T形杆塔的分区中,每个分区大约需要两周时间架线。

Woolavington和Loxton之间的36个T形杆塔的架线工作现已完成,将于4月开始在Bridgwater和Woolavington之间的12个T形杆塔上安装导线。这48个T形杆塔将于2022年10月正式投入使用。

从Hinkley Point C核电站到西班克发电厂的输电线路总长57km,它由Shurton和Avonmouth之间的传统杆塔和116个全新的T形杆塔组成。路线北段剩余68个T形杆塔的建设工作已经开始,包括架线在内的所有工作已于2024年4月18日完成。

14.3.3.2 碳减排目标对电源侧的影响

GlobalData 公司的报告显示，随着英国政府决定到 2025 年逐步淘汰基于煤炭的发电，英国的火力发电量份额预计将从 2020 年的 41.9% 下降到 2030 年的 26.8%。为了维护供应安全和实现电源多样化，英国政府正在努力增加可再生能源在该国能源组合中的份额。在政府的大力支持下，风力发电预计将在 2030 年之前保持其作为主要可再生能源来源的地位。在 2020—2030 年期间，累计风力发电能力预计将从 24.88GW 上升到 66.2GW。除了逐步淘汰煤炭的计划外，英国还希望在未来 10 年内摆脱核电，并让该国所有旧核电站退役。这意味着需要巨额投资来提高该国的可再生能源发电能力，以弥补煤炭和核能留下的缺口，从而应对电力需求。

14.3.3.3 碳减排目标对用户侧的影响

英国领跑欧洲表后储能市场、主要基于光伏装机的高速增长。

1. 光伏发电

2014 年，英国发布《光伏发电战略》，重点扶持分布式（屋顶式）光伏系统。2016 年 4 月，《可再生能源义务法案》（RO）对所有光伏项目的补贴终止；2018 年，英国终止支持屋顶太阳能项目计划。

2. 储能

经历了 2014—2016 年光伏装机容量的高速增长期之后，全社会光伏发电量占比大幅提升，英国的电化学储能装机容量于 2016—2019 年出现显著增长。截至 2020 年年底，英国表后电化学储能装机规模近 570MW，占欧洲储能表后装机规模的 47%。英国储能表后装机平均配置时长近 1 小时，主要起提升并网灵活性（能量时移）与电网稳定性（辅助服务）的作用。2020 年，能量时移和辅助服务储能新增装机容量分别为 175MW 和 62MW，合计占同年新增装机容量的 80.6%。

14.3.3.4 碳减排目标对电力交易的影响

英国电力交易市场可分为日间交易、长期电力交易等多种类型，其交易形式包括双边协议、电力交换、内部转让等。目前，从 Ofgem 披露的数据来看，英国电力市场电力批发价格近 10 年平均值波动性较大，而其终端零售电价主要由批发电价（33.52%）、输配电成本（25.46%）、环境及社会责任成本 (17.45%)、运营成本（17.15%）、增值税 (4.76%) 及其他构成。

在英国电力规划体制改革中，主要规划了两种不同形式的补贴政策，分别针对不同发展需求的板块。对于政府认定的低碳环保私人发电项目（包括光伏、陆上风电、海上风电、核电等），采用差价合约机制（CfD），与国有企业低碳合约公司（Lccc）签订差价合约；对于发电规模小于5MW的小规模发电技术，采用灵活电价政策（FT），可签订20年电力购买协议（PPA）（光伏可签订25年PPA）。国际投资者涉及CfD竞标政策相对较多。

14.3.4　碳减排相关项目推进落地情况

（1）英国加速淘汰燃煤发电，同时扩大清洁能源发电规模，转变能源发电结构。英国是工业革命的发源地，1980年以前，约有一半以上的电力供应来自煤炭。英国政府制定了到2025年完全淘汰燃煤发电的目标，这一目标有望提前至2024年。截至2020年年底，英国只剩余4座燃煤电站在运行，其中2座已宣布分别将于2021年和2023年停运的计划。2017年4月21日，英国从工业革命以来第一天没有使用燃煤发电；2020年，英国共67天没有使用燃煤发电。要实现2050年的净零碳排放目标，需要提高低碳电力的比例，可再生能源发电量需要达到目前的4倍，其中，风能和太阳能是核心，政府计划2030年海上风力发电规模扩大4倍。英国政府还将成立部长协调组，召集政府相关部门，监督确保可再生能源发电规模的扩大。此外，核能，经碳捕获、利用与封存（CCUS）处理的天然气，以及氢能在英国未来电力燃料来源中都将占一定比重。

（2）英国绿色投资银行私有化提高社会资本撬动比例。2012年，英国绿色投资银行由英国政府全资设立，成为全球第一家绿色投资银行。2016年，为吸引私人资本参与绿色投资，英国政府启动英国绿色投资银行的私有化进程，将其以23亿英镑出售给澳大利亚麦格理集团，并更名为绿色投资集团，此后通过发行绿色债券等方式筹集资本。目前，绿色投资集团除了传统业务，还同时开展绿色项目实施和资产管理服务、绿色评级服务、绿色银行顾问服务、绿色领域的企业兼并重组等多项新业务。

（3）英国推动低碳农业生产技术、细化低碳农业激励政策，助力农业碳减排。为了使英国农业部门在2040年之前实现农业零碳排，英国气候变化委员会提出了三个层面以技术为关键杠杆的方法框架。一是通过多种措施，实现提高农业生产力的同时减少碳排放；二是种植树木，保护和修复土壤，增强农田的碳吸收能力与储量；三是增加可再生能源和生物能源的使用，以及通过自行种植芒属植物等生物能源作物，实现能源的自给自足。此外，英国还在尝试通过增加市场激励措施的方式，鼓励农业从业者更积极地参与，并支持更多在环境土地管理方面的市场投资。

14.4 储能技术发展概况

根据 2008 年《气候变化法》，英国承诺到 2050 年将温室气体排放量减少到 1990 年的 20%，这是全球首个针对长期气候政策的立法。2019 年 6 月，英国政府进一步修订该法案，将 2050 年温室气体排放目标修改为"净零排放"。根据气候变化委员会预计，此目标下，2050 年可再生能源将为英国提供超过一半的电力供应。为了实现碳减排承诺，英国需要在 2025 年甚至更早时间逐步淘汰煤电机组，并接入大量可再生能源。

为了大力度地发展储能、电网基础设施以及其他灵活性资源，英国主要从两大方面对储能进行支持：一是通过投入公共资金支持储能技术创新、降低成本并促动技术商业化；二是通过政策及市场机制改革，消除储能应用的障碍。

在创新资金支持方面，英国最早通过政府基金和英国天然气与电力市场监督办公室（Ofgem）对包括储能在内的电网创新技术及方案提供相关资金支持。2017 年，英国在此前的基础上进一步发布工业战略挑战基金，并划拨 2.46 亿英镑开展法拉第挑战计划（Faraday challenge），旨在全面推动电池技术从研发走向市场。法拉第挑战计划的实现主要依托法拉第研究所对高校牵头的研发项目进行资金支持以及研究与创新项目资金对全社会的企业、机构、科研院所牵头的创新项目提供资金支持，计划建立英国电池工业化中心。

除了法拉第挑战计划，为了实现净零系统转型，英国政府还于 2020 年 11 月发布十项关键计划，并在此计划中推出 10 亿英镑"净零创新组合"项目用于加速低碳技术创新，降低英国低碳转型付出的成本。"净零创新组合"项目主要关注十大关键领域，储能及电力灵活性是其中之一。英国政府已经启动 1 亿英镑用于支持储能和电力灵活性创新过程中面临的挑战，以及储存时长在小时、日、月等不同时间维度的储存技术，用于提高可再生能源在电力系统中的占比。

在政策及市场机制改革方面，2016 年 11 月，英国国家能源监管机构

Ofgem 和商业能源与产业战略部 BEIS 联合发布报告，提出消除储能和需求响应的发展障碍、通过价格信号提高电力系统灵活性、催化电力市场商业模式创新、评估能源系统中各个组成部分的功能变化等内容。这份战略报告要求英国于 2022 年以前采取 38 项行动，针对电力灵活性市场、储能，需求侧响应等方面的政策与市场规则进行调整，以达到提高电力系统智能化和灵活性的目的。针对储能，该战略报告提出了消除涉及储能系统并网的制度障碍、电网使用费用的核算、储能的法律定义等多个方面的要求。通过这些制度改革，英国储能市场得以被撬动，并开启规模化发展之路。

英国电力市场新型储能主要通过容量市场机制和辅助服务市场机制获得收益，比如增强快速调频，也可通过在平衡市场提供上下调节电量以及价格尖峰时段发电获得收益。

容量市场方面，英国的容量市场拍卖计划被暂停一年后于 2020 年重新启动，并且 BEIS 鼓励在预审竞标中将储能项目作为需求侧响应（DSR）资产，而需求侧响应运营商有机会被授予最长可达 15 年的合同，从而实现储能项目稳定的收入流。

辅助服务市场方面，调频辅助服务是英国储能电站的主要收入来源。与美国 PJM 区域电力市场❶ 类似，英国在 2019 年停电事故后开始陆续设立快速调频响应的辅助服务品种，储能项目从中受益颇多。动态遏制（DC）服务是英国电力系统运营商英国国家电网电力传输公司在 2020 年 10 月推出的一种频率响应辅助服务。英国国家电网电力传输公司允许储能系统提供商获得动态遏制服务收入，并从平衡机制中获得新收入。该机制可以实现电网电力供需的实时平衡，也是许多电池储能系统的主要收入来源。动态遏制服务为参与者提供了丰厚的回报，其收入是其他频率响应服务的 2～3 倍。由于允许收入叠加，电池储能系统获得的收入规模可不断增长。随着英国可再生能源发电装机容量的持续增长，对电网平衡服务的需求也在增加。2021 年 1 月，受低温、风电出力低迷的影响，英国平衡市场价格暴涨到 4000 英镑 /MWh 的高位，进一步加速电池储能系统进入平衡机制市场。预计英国近两年还会继续加设更多针对快速调频的辅助服务

---

❶ PJM 区域电力市场是新泽西州、宾夕法尼亚州和马里兰州的三家公用事业公司联合形成的一个电力联营体，旨在通过互联的高压电力线路共享发电资源，以实现效益和效率的最大化。名称来源于宾夕法尼亚—新泽西—马里兰（Pennsylvania–New Jersey–Maryland）。

品种。

14.5 电力市场概况

14.5.1 电力市场运营模式

14.5.1.1 市场构成

英国电力行业在 1989 年进行了私有化改革，目前是世界上开放程度较高的电力市场之一，具有完善的法律法规框架。英国电力市场有 3 家输电商、7 家配电商、400 多家发电商、20 多家零售商和 2 家交易中心等。

其中，从输变电看，由于电力传输的自然垄断性，没有引入竞争的意义，故由国家电网公司（National Grid）、西部电力公司（Western Power Distribution）、南部电力公司（Southern Electric）和联合公用事业公司（United Utilities）四大公司完全控制。输电商英国国家电网公司拥有英格兰和威尔士的所有输电线路及相关设备，包括 7200km 输电线路、675km 地下电缆和 338 座变电站。

英国全国共有 7 个配电商，负责运营 14 个区域的配电业务，见图 14-7。

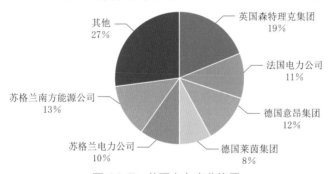

图 14-7 英国电力产业格局

其中，配电商只能开展配电业务，不能经营发电或者售电业务，也不能投资其他与配电无关的企业。另外，接入工程也不是只能由该区域的配电网运营商建设，独立配电网运营商或者经过认证的独立接入供应商也可以参与竞争。

电力市场放松管制后，数十家公司进入发电市场和供电市场，然后经过不断整合变得越来越集中。1978 年 6 月，英国前首相撒切尔夫人承诺将民营化整个电力行业。撒切尔政府推崇私有制、市场化和自由化。因此改革后英国电力市场主体从"各环节独立"演变为"一体化重组"，厂网分开时的 12 家供电企业整合为 6 家发输配售一体的集团公司，占据大部分市场。电力产业格局整合到六大公司（Big Six）：德国意昂集团（E.ON）、德国莱茵集团（RWE）、法国电力公司（EDF）、苏格兰电力公司、英国森特理克集团（Centrica）和苏格兰南方能源公司（SSE）。这六家公司都是垂直一体化的公司，装机容量占总容量的73%，占据不列颠岛零售市场99%的份额。

14.5.1.2　结算模式

2001年3月，英国电力市场进入"英国新电力交易协议"模式（NETA）后，在电量计量结算方面引入了平衡结算准则（BSC），对平衡机制和不平衡用电量结算方法作出规定。该准则要求所有电力公司必须签订购售电合同，而其他市场主体可选择是否按BSC准则签订合同。根据BSC准则签订的合同，由英国国家电网公司的全资子公司Elexon负责管理。

Elexon是英国电力市场的结算中心。该中心2000年成立（前身隶属于英国国家电网公司，后独立对所有电力企业负责）。作为平衡机制的主要企业，Elexon收到英国国家电网公司的实时电力平衡信息，并负责信息的披露。Elexon同时负责发电企业和售电企业的结算。其中主要的结算部分为发电与售电量的平衡误差。结算为半小时结算机制，模式如下：

（1）一年365天，每天48个结算点。

（2）峰谷电价差大，冬夏电价差大。

（3）不平衡部分产生的成本由导致不平衡的市场成员分摊。

（4）不平衡部分的结算由Elexon完成。

（5）不平衡部分的惩罚电价被称为System Price。

针对售电市场上大量非半小时计量用户的计量数据需经较长时间才能陆续汇集到Elexon的情况，Elexon设计了五个阶段的结算对账机制，即在市场交易的16个工作日内完成初结算，且在后续一年半内进行4次对账。

在每个对账阶段中，Elexon会更新期间收到的部分用户的计量数据，从而计算出新的结算结果，并且启动相应的结算程序；如果该阶段的结算结果与上个阶段不一致，则需要对偏差部分进行调整。通过这种结算对账机制，Elexon基于用户数据的更新对结算反复进行调整，且逐步提高非半小时计量用户准确结算的目标值，最终可以实现较为准确的计量和结算。

14.5.1.3　价格机制

1. 用户电价结构

用户电价由两部分组成：①每千瓦时电的单价（unitrate）；②每日

固定费用（standing charge），可以为零。其中，固定费用一般涵盖了电力供应商提供和维护电表以及接入电网的费用。

一般来说，用户电价分为 7 部分，包括竞争形成的批发成本、售电成本及利润、监管机构制定的输电价格和配电价格、环境税、增值税、系统平衡费和其他费用。

最终电价 = 批发成本（竞争性）+ 售电成本及利润（竞争性）+ 输电价格（Ofgem 监管）+ 系统平衡费（Ofgem 监管）+ 配电价格（Ofgem 监管）+ 环境附加费及税（中央政府监管）

（1）批发成本。售电商的购电费用，可以直接从发电商处或者从批发市场购买，一些售电商本身就是发电集团的一部分。

（2）售电成本及利润。主要是结算、销售、用户服务及零售构成服务等其他成本。

（3）输电价格和配电价格。输配电价由监管机构负责监管控制，目前按照最新的 RIIO 管制方法❶，促进电网公司高效、创新以及关注用户需求。用户输配电价由监管机构公布。

（4）环境附加费及税。英国为了促进低碳发展资助了一些项目，通过这项税收来补偿。主要项目计划包括碳减排项目计划、社区节能项目计划、可再生能源项目、小型分布式能源项目等。

（5）系统平衡费。对于系统运营商来说，最核心的问题是区分好两个成本：一是人员等自身的内部成本；二是外部成本，也就是为了保证系统平衡而产生的成本。对内部成本采用价格上限的管制方式，对外部成本采用市场测试和激励的管制方式以降低成本。这两部分成本都通过系统平衡费向发电侧和负荷侧收取。

（6）其他成本。包括智能电网的投资和维护、及社会普遍服务等方面的成本。

除了标准的单位电价外，部分安装了分时电价电表的用户还可以选择 Economy 7 或者 Economy 10 等分时电价套餐。Economy 7 的分时电价仍是峰谷电价，即白天电价高，晚上电价低。名称里的数字 7 代表了以小时为单位波谷时间长度。分时电价的时间段会根据地区以及冬令时或夏令时

---

❶ RIIO 是指 Revenue = Incentives + Innovation + Outputs，即收益取决于激励机制、创新投入和产出绩效，是英国针对能源网络行业（包括电力和天然气）实施的一种监管模式。

而不同。以 Economy 7 为例，7 个小时的波谷电价一般处于 22:00—次日 8:30 之间。

2. 电价类型

2011 年 Ofgem 对零售市场进行调查评估后进行了电力零售市场改革，主要规范了用户电价的形成和信息公开要求，将电价分为标准电价和合同电价两类。

（1）标准电价。标准电价是一种没有固定终止时间的电价，售电商在提前 30 天通知用户价格变动情况下可以调整。每个用户可以选择直接支付、预付费、信用卡支付等方式，用户价格包括标准化电量和监管机构核定的备用费用。监管机构要求售电商提供透明的竞争价格信息。标准电价根据用户电表计量功能不同，分为标准计量、Economy 7 计量和 Economy 10 计量三类用户电价。

（2）合同电价。合同电价是售电商可以提供一些创新性的特殊合同供电。合同的条款、价格在合同制定的初始开始明确，在合同的执行期不能改变，合同期结束时不自动转入下一个合同期，需要与用户协商签订新的合同，或自动转为标准电价。

3. 输配电价体系与定价方法

2007 年英国电力市场引入电力贸易和传输机制（BETTA）以后，为了规范输电定价并适应新的电力市场交易安排，建立了"接入价 + 输电网使用费 + 平衡服务费"的新输电价格体系，而配电网则采取"接入价 + 配电网使用费"的配电价格体系。

在输电定价方面，从 2004 年至今，英国电网输电定价采取的是点费率法的 DCLF ICRP 模型。该模型的特点是，能够通过定价反映发电厂及电力用户在输电网各节点的发用电情况，同时考虑了输电距离和输电容量，从而能够为发电厂和电力用户提供明确的位置信号，引导发电厂和电力用户合理选址。例如，通过 ICRP 模型定价，英格兰威尔士北部地区和苏格兰地区的发电侧输电价格明显高于英格兰威尔士南部地区的价格，充分体现了英国发电厂对于输电网的使用情况，也为英国未来的电源投资提供了明确引导。

在配电定价方面，除苏格兰外，英国其他 13 个配电系统运营商目前都遵照统一的定价方法。英国 2007 年以前的配电定价采取的都是自 1990 年开始使用的 DRM 定价模型，即考虑了峰荷责任和负荷率的改进邮票法模型，采取分时定价的方式进行定价。2007 年以后，由于采用了更合理的定价方法，将超高压配网的定价单独应用目前的 LRIC 模型，该模型的特点是在传统的 ICRP 模型基础上，进一步引入输配电设备利用率因素，提高设备高利用率地区的输配电价，降低设备低利用率地区的输配电价，引导电力用户合理选址，延长配电系统投资的时间。

14.5.2 电力市场监管模式

14.5.2.1 监管制度

英国电力监管体制的完善随着电力产业私有化及电力市场改革的进程加速发展。

1999 年起，英国形成了具有特色的"三位一体"监管模式，对电力市场进行全面的监管。其中新的燃气电力监管机构——天然气及电力市场监管办公室（Ofgem）对天然气、电力这两个市场结构类似且密切相关的产业实施统一监管。天然气和电力消费者委员会（GECC）维护市场的消费者权益。能源大臣还负责部分天然气、电力市场事务，如管理非矿物燃料电力的使用，任免高级官员。Ofgem 依据法律站在中立的第三者（电力企业与消费者之外）立场对电力市场进行监管，同时弥补了政府更替产生的不确定性影响。

14.5.2.2 监管对象及监管内容

英国能源和气候变化部（DECC）负责制定英国的能源政策。这些政策涵盖的领域包括：

（1）帮助消费者提高能效，节约能源，解决燃料缺乏问题。

（2）实行多样化的能源供应来满足现有需求，从而在未来实现安全、经济性良好的低碳能源供应。

（3）确保实现英国的碳减排目标，为国际上应对气候变化的各项行动贡献力量。

（4）尽责高效地对能源可靠性进行管理，保证公共安全。

天然气和电力市场监管办公室（Ofgem）是英国独立的能源监管机构，职能是保护和提高天然气、电力消费者的利益；对天然气电力企业发放生产（经营）许可证，对其市场行为实施监管，其主要任务有：

（1）鼓励能源市场中的有效竞争。

（2）监管电力垄断企业的经营行为。

（3）在非有效竞争的天然气和电力领域实施管制，通过制定价格及服务标准保证消费者获得有价服务。

（4）保证能源网络能够得到足够的投资。

北爱尔兰的能源监管机构是北爱尔兰公用事业监管机构。英国公平交易办公室和竞争委员会对能源公司的兼并和收购活动进行监督审查。